单于"六骡"

驴的丝绸之路文化史

张 弛 / 著

图书在版编目（CIP）数据

单于"六骒"：驴的丝绸之路文化史 / 张弛著. --北京：商务印书馆，2024. -- ISBN 978-7-100-24198-4

Ⅰ. S822-091

中国国家版本馆CIP数据核字第2024T3Y941号

权利保留，侵权必究。

本书获广东省哲学社会科学规划2022年度后期资助项目
单于"六骒"——驴的丝绸之路文化史研究（GD22HWL01）
资助

单于"六骒"：驴的丝绸之路文化史
张弛 著

商 务 印 书 馆 出 版
（北京王府井大街36号 邮政编码100710）
商 务 印 书 馆 发 行
三河市尚艺印装有限公司印刷
ISBN 978-7-100-24198-4

2024年10月第1版　　开本 880×1230　1/32
2024年10月第1次印刷　　印张 9　1/2
定价：68.00元

目 录

前 言   I

第一章 驯化：从野驴到家驴   001
    一、野驴的地理分布   001
    二、驴的生物特性   012

第二章 驴背上的文明   021
    一、法老驴   022
    二、驴道商路   031
    三、家马东来   037

第三章 驴车邦国   049
    一、战车与邮车   053
    二、驴与王权   068
    三、驴与文学   077

第四章 远征的驴队   088
    一、亚述商团   088
    二、《变形记》   096
    三、驴 乳   112

第五章 驴马之争   118
    一、驯化家马   118
    二、波斯崛起   123

三、哥诺尔悬案　　137
　　四、驴在中亚　　142

第六章 印度河谷的驴鸣　　151
　　一、邪恶化身　　152
　　二、语言学证据　　159
　　三、驴之象征　　166

第七章 家驴入华　　173
　　一、"奇畜"西来　　173
　　二、天子之宠　　191

第八章 驴骡驰逐　　207
　　一、丝路胡商　　207
　　二、畜　力　　216
　　三、驿　驴　　224
　　四、驴　鞍　　232
　　五、食驴与入药　　237
　　六、隐　喻　　245

结　语　　255

参考文献　　261
后　记　　281

前　言

动物和人类间复杂而变化的关系塑造、影响着历史的发展，并且深刻介入创造和诠释人类社会的过程之中。自人类诞生起，即与动物形成了一种独特的互动关系。旧石器时代，人类有时作为捕食者，有时作为猎物，成为"丛林法则"的一员。20 世纪 60 年代，美国考古学家弗兰瑞纳（Flannery）提出"广谱食物革命"（Broad-spectrum Revolution）理论，指出人类进入中石器时代（Mesolithic）以来，食物的选择逐渐多样化，人类对食物的选择直接影响到人类文明的演化[1]。

---

[1] V. K. Flannery, The Ecology of Early Food Production in Mesopotamia, *Science*, 1965, 147(3663), pp.1247-1256.

新石器时代（约 15000 年前），人类率先与狼建立了亲密的合作关系，并将其驯化为家犬，从而使人类社会发生了巨变。随着早期农业的产生，此后数千年里，人类相继驯化了山羊、绵羊、猪和牛，建立了永久定居点（城市的雏形），农田和牧场为人类提供了稳定的食物来源，人类社会和文明形态发生了革命性的变化。安德鲁·谢拉特（Andrew Sherratt）的"次级产品革命"（Secondary Products）理论指出，新石器时代最初的动物驯化与获取驯养动物的初级产品有关（如肉、骨、脂肪、皮革等），而随后的"次级产品革命"则增加了驯养动物的新用途，尤其是对"次级产品"的密集开发，包括驯养动物的乳及乳制品、动物纤维及畜力等。❶

公元前 6000 年前后，努比亚野驴、索马里野驴开始被当地人群圈养和驯化，逐渐成为现代家驴的祖先。从野驴到家驴的历史过程是缓慢的，经历了选择、捕获、隔离、驯服、行为控制、干预繁殖、分散和适应新环境共 8 个阶段，最终形成了最早的家驴。早期家驴的出现，改变了人类文明的历

---

❶ A. S. Sherratt, Plough and Pastoralism: Aspects of the Secondary Productions Revolution, in *Pattern the Past: Studies in Honour of David Clark*, Cambridge: Cambridge University Press, 1981, pp.261-306.

马属 "马科动物" （ 种马 ， 母马）

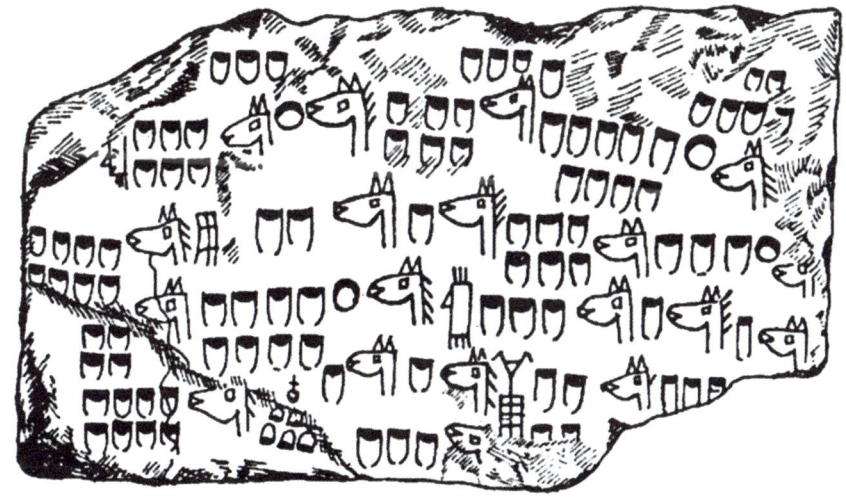

图1 世界早期文字符号中的驴与马

1. 埃及象形文字 "马"（左）与"驴"（右）；　　2. 苏美尔文 "驴"；
3. 赫梯象形文字卢维亚语（Luvian）"马"；　　4. 苏萨（Susa）原始埃兰文字 "马"；
5. 迈锡尼线形文字B "马"；　　6. 甲骨文（左）及繁体字（右）"马"。

前言　III

史进程，成为早期国家起源不可或缺的重要因素。畜力的推广预示着生产力的进步，进而影响到社会生产关系的改变：新的农牧耕作方式和运输体系诞生，实现了人员和货物的陆路流通，促进了运输技术的创新与发展，增加了商品的流动性。

至少在公元前4600年，家驴已出现于埃及的艾尔-奥马里（El-Omari）遗址，成为埃及早期国家形成过程中重要的畜力资源。从历史经验来看，统治一个庞大国家的先决条件有两个：(1) 建立快速高效的信息传递渠道；(2) 依靠家养役畜提供有效的交通运输方式。家驴完全满足上述条件，并成为古埃及"邦国发展的催化剂"。在此后的数个世纪中，家驴将尼罗河两岸的绿洲紧密连接起来，成为家马出现之前最重要的交通工具。它们驮送货物，补给军队，为法老提供乘骑，使古代埃及成为名副其实的"驴背文明"。

公元前4000年，家驴传播到美索不达米亚。公元前3000年，苏美尔人利用整块厚木板制造出车轮，人类最早的车辆工具由此诞生。此后，家驴及其驴车组成的军队和商队，跨越崇山大漠，构建了人类最早的王国版图和跨区域贸易网络。这片由驴迹划出的贸易圈，东至扎格罗斯山脉，西抵安纳托利亚半岛，南达苏丹北部，北临亚美尼亚。国际学界认为，至公元前2500年起人类已开始缓慢进入"全球化"阶段，而这场由家驴引发的变革则被称为"驮畜革命"。在美索不达米亚早期城邦间，王者的盟誓以驴驹作为牺牲对象，足见家驴的重要地位——王权的象征。在《吉尔伽美什》和《伊什妲尔下冥府》等美索不达米亚早期神话中，人们赞美驴，歌颂驴，甚至将其描绘为"神的坐骑"。

约公元前1500年，家驴向西传播至地中海北岸的巴尔干半岛、希腊和意大利；向东传播到中亚土库曼斯坦南部的哥诺尔（Gonur）遗址和印度河流域的斯瓦特山谷（Swat Valley）。在上述地区，家驴与家马的传播几乎是同时的，因此形成了当地特有的驴马并存的家畜文化，并出现了杂交产物——骡。例如希腊—罗马文明圈大量使用骡作为家畜，甚至安葬亚历山大大帝的金棺都是由64头佩戴金铃的骡子驮运的。而在古代印度，驴预示着荒漠、厄运、毁灭与死亡，甚至求医者骑驴归来都被视为凶兆，而马却完全相反。

世界不同区域有着各自不同的发展轨迹。在中国，家马传入中原的时间要早于家驴，因此《史记》中将"驴"称为"匈奴奇畜"。通过敦煌马圈湾汉简记载的"驱驴士"可知，汉代内地曾从西域大量引入家驴，说明家驴大规模传入中原的年代较晚。汉昭帝平陵随葬坑出土的家驴骨骸显示，驴曾作为珍奇动物饲养于皇家园林内。东汉以后，随着家驴在中原地区的普及，其地位也日渐卑微，最终成为贩夫走卒驮运货物的主力。唐代，长安城东西二市均有大量赁驴人存在。由此可知：汉代以后，驴一直是中原地区最主要的畜力之一。

动物史与其他史学方向相比，无论史料还是研究方法，均处于起步阶段。我国传统史学向来重视政治、军事史，对与动物有关的学术讨论，多是附带性的描述，缺少系统性的研究。由于动物史的信息过于零散、有限，需要研究者运用开放的史识和史观，综合多学科的理论素养，特别是利用最新的考古发现与分子生物学成果，方能在动物史领域有所突破。目前国内学界对家驴的传播已有所探讨，但整体研究仍显薄弱。根据其研究类型，大致可分为以下五类：

第一类是早期家驴入华及传播的史学研究，如王子今《骡驴馲𩣡，衔尾入塞——汉代动物考古和丝路史研究的一个课题》[1]《说敦煌马圈湾简文"驱驴士""之蜀"》[2]《论汉昭

---

[1] 王子今：《骡驴馲𩣡，衔尾入塞——汉代动物考古和丝路史研究的一个课题》，《国学学刊》2013年第4期，第37—43页。

[2] 王子今：《说敦煌马圈湾简文"驱驴士""之蜀"》，《简帛》第十二辑，上海：上海古籍出版社，2016年，第197—210页。

帝平陵从葬驴的发现》❶，林梅村《家驴入华考——兼论汉代丝绸之路上的粟特商队》❷，从传世文献与出土文献角度出发，结合一定的考古发现对家驴入华的历史过程进行考证与分析，探讨西域胡商对家驴入华的重要作用，但对域外考古发现成果较少。

第二类是对中古时期家驴社会文化史与文学史的研究，如郭建新、惠富平《中国驴子畜牧史考述》❸、陈浪《论唐代驴的管理与使用》❹、马新《唐代赁驴业一瞥》、张应斌《驴形象的演变与唐代中外文化交流》、王雨菲《唐朝驴鞠运动特色研究》、张欢欢《唐代文献中驴文化研究》❺、勾利军《唐代中后期两京驴价考》❻，以及柴剑虹、张鸿勋关于敦煌

---

❶ 王子今：《论汉昭帝平陵从葬驴的发现》，《南都学坛（哲学社会科学版）》2015 年第 35 卷第 1 期，第 1—5 页。

❷ 林梅村：《家驴入华考——兼论汉代丝绸之路上的粟特商队》，《欧亚学刊》新 7 辑，北京：商务印书馆，2018 年，第 81—93 页。

❸ 郭建新、惠富平：《中国驴子畜牧史考述》，《农业考古》2019 年第 1 期，第 158—163 页。

❹ 陈浪：《论唐代驴的管理与使用》，暨南大学 2007 年硕士学位论文。

❺ 张欢欢：《唐代文献中驴文化研究》，东北师范大学 2017 年硕士学位论文。

❻ 勾利军：《唐代中后期两京驴价考》，《史学月刊》2010 年第 8 期，第 126—128 页。

写本《祭驴文》❶的相关研究，多是立足唐史对家驴用途及其形象的探讨，对考古发现关注不多。

第三类是美索不达米亚地区早期文明研究，部分内容涉及早期家驴的相关信息，如晁雪婷《古代两河流域的驴》❷、吴宇虹与曲天夫《古代中国和两河流域的"刑牲而盟"》❸、王爱萍《乌尔第三王朝贡牲中心牛驴管理书吏卢旮勒美兰和牛吏卢旮勒海旮勒的档案重建》❹、李政《〈赫梯法典〉译注》❺等，均直接或间接涉及家驴在美索不达米亚早期社会发展中的用途及地位，但并非对家驴的专题性研究。

第四类是从文物、考古角度探讨中国早期驴的起源以

---

❶ 柴剑虹：《敦煌写本中的愤世嫉俗之文——以 S.1477〈祭驴文〉为例》，《敦煌研究》2004 年第 1 期，第 59—64 页。张鸿勋、张臻：《敦煌本〈祭驴文〉发微》，《敦煌研究》2008 年第 4 期，第 59—64 页。

❷ 晁雪婷：《古代两河流域的驴》，《大众考古》2017 年第 6 期，第 38—42 页。

❸ 吴宇虹、曲天夫：《古代中国和两河流域的"刑牲而盟"》，《东北师大学报（哲学社会科学版）》1997 年第 4 期，第 63—67 页。

❹ 王爱萍：《乌尔第三王朝贡牲中心牛驴管理书吏卢旮勒美兰和牛吏卢旮勒海旮勒的档案重建》，东北师范大学 2013 年硕士学位论文。

❺ 李政：《〈赫梯法典〉译注》，《古代文明》2009 年第 4 期，第 16—34 页。

及利用问题,如史树青等《盉尊、盉彝及骡驹罍释文》[1]、张颔《"嬴䈇"探解》[2]、冯海英《民族特色的虎噬驴透雕铜牌》[3]、尤悦与吴倩《家驴的起源、东传与古代中国的利用》[4]等,从文物、考古角度探讨早期青铜器中驴、骡形象以及考古发现的野驴与家驴遗骨,为探讨家驴起源及传播途径提供了新视角,但对传播路径及文化内涵关注不多。

第五类是从分子生物学及古 DNA 角度探讨家驴的起源与传播。如韩璐等著《古 DNA 揭示中国驴的母系世系和驯化》[5],从线粒体 DNA 的数据分析入手,对中国家驴的非洲起源进行研究。王长法等著《驴皮毛颜色基因组为驯化和人工选择提供新见解》(Donkey Genomes Provide New Insights

---

[1] 史树青等:《盉尊、盉彝及骡驹罍释文》,《文物参考资料》1957年第 6 期,第 69 页。

[2] 张颔:《"嬴䈇"探解》,《文物》1986 年第 11 期,第 19—20 页。

[3] 冯海英:《民族特色的虎噬驴透雕铜牌》,《文物鉴定与鉴赏》2013年第 3 期,第 23 页。

[4] 尤悦、吴倩:《家驴的起源、东传与古代中国的利用》,《北方民族考古》第 8 辑,北京:科学出版社,2019 年,第 99—112 页。

[5] 韩璐、朱松彪、宁超等:《古 DNA 揭示中国驴的母系世系和驯化》,《中国北方古代人群及相关家养动植物 DNA 研究》,北京:科学出版社,2018 年,第 212—223 页。

into Domestication and Selection for Coat Color），揭示出现代家驴至少在 6000 年前已有共同祖先，且雄性家驴的祖先数少于雌性祖先，表明早期人类已存在利用有限数量种驴进行繁殖的行为[1]。

国外学者对家驴的驯化和传播关注较早。布莱恩·费根（Brian Fagan）的《亲密关系——动物如何塑造人类历史》（*The Intimate Bond: How Animals Shaped Human History*）第四部分（第 8、9 章），以全球史视角探讨了家驴在埃及、美索不达米亚及希腊—罗马传播的历史过程。帕波拉（Parpola）《亚洲野驴及其名称》从比较语言学的视角，对野驴的种类分布及家驴名称的演化进行了分析[2]。麦克道尔（A. G. McDowell）《古埃及乡村生活：账目与情歌》（*Village life in Ancient Egypt: Laundry Lists and Love Songs*），对古埃及的

---

[1] Changfa Wang, Haijing Li et al., Donkey Genomes Provide New Insights into Domestication and Selection for Coat Color, *Nature Communications*, 2020(11):6014. https://doi.org/10.1038/s41467-020-19813-7.

[2] A. Parpola, J. Janhunen, On The Asiatic Wild Asses (Equus hemionus & Equus kiang) and Their Vernacular Names, *A Volume in Honor of the 80th-Anniversary of Victor Sarianidi*, Sankt-Petersburg: ALETHEIA, 2010, pp.423-466.

驴队贸易及赁驴契约进行了详细的研究。[1]拉尼尔·米列夫斯基（Lanir Milevski）与霍维茨（Horwitz）所著《黎凡特南部驴的驯化：动物考古学、图像学与经济学》(*Domestication of the Donkey in the Southern Levant: Archaeozoology, Iconography and Economy*)，从动物考古学、图像学与经济学的角度对黎凡特南部早期家驴的社会经济作用进行了解析[2]。温霍夫（Veenhof）在《古代亚述贸易及术语》中，系统研究了亚述商队的商业文献、贸易机构、商品及金融术语，对家驴在亚述经济中的重要作用做了细致入微的解读。[3]朱丽叶·克拉顿-布洛克（J. Clutton-Brock）在《马力：人类社会中马与驴的历史》(*Horse Power：A History of the Horse and the Donkey in Human Societies*)中，从科技史的角度对

---

[1] A. G. Mcdowell, *Village Life in Ancient Egypt: Laundry Lists and Love Songs,* Oxford: Oxford University Press, 2000.

[2] I. Milevski, L. K. Horwitz, Domestication of the Donkey (Equus asinus) in the Southern Levant: Archaeozoology, Iconography and Economy, edited by Rorem Kowner et al., *Animals and Human Society in Asia: Historical, Cultural and Ethical Perspectives*, Oxford: Palgrave Macmillan Cham, 2019, pp.93-148.

[3] K. R. Veenhof, *Aspects of Old Assyrian Trade and Its Terminology*, Leiden: Brill, 1972.

马、驴的作用进行了学术探讨[1]。

此外，马克·格里弗斯（Mark Griffith）《马力与驴役：对古希腊马科动物的想象》（*Horsepower and Donkeywork: Equids and the Ancient Greek Imagination*），探讨了古希腊的骡、驴及马的用途及文化艺术现象[2]。博格（T. E. Berger）《通过牙齿稳定同位素分析罗马时期比里西亚纳堡骡子的生活史（约公元160年）》(Life History of a Mule(c.160A.D.) from the Roman Fort Biriciana as Revealed by Serial Stable Isotope Analysis of Dental Tissues)，通过科技考古的个案研究对德国巴伐利亚州罗马时期的骡子进行分析，进而探讨罗马时期培育、训练及利用驴、骡的模式及文化背景[3]。罗杰·S. 巴格纳尔（Roger S. Bagnall）在著作《罗马时代晚期埃及的骆驼、四轮车与驴》（The Camel, the Wagon, and the Donkey in Later Roman Egypt）中指出，对古代埃及陆路运输的研究需要更多关注家驴的

---

[1] J. Clutton-Brock, *Horse Power: A History of the Horse and the Donkey in Human Societies*, Cambridge: Harvard University Press, 1992.

[2] Mark Griffith, Horsepower and Donkeywork: Equids and the Ancient Greek Imagination, *Classical Philology*, Part 1 and Part 2, 2006(3-4).

[3] T. E. Berger, Life History of a Mule(c.160A.D.) from the Roman Fort Biriciana as Revealed by Serial Stable Isotope Analysis of Dental Tissues, *International Journal of Osteoarchaeology*, 2010(1).

作用[1]。

另有论著零星涉及家驴与骡的历史信息。莫恩思·特罗勒·拉尔森（Mogens Trolle Larsen）《古代卡尼什：青铜时代安纳托利亚的商业殖民地》(Ancient Kanesh: A Merchant Colony in Bronze Age Anatolia)，涉及亚述商业中心卡尼什驴队的贸易规模、数量、交通路线及商品内容等信息[2]。保罗·克里瓦切克（Paul Kriwaczek）《巴比伦：美索不达米亚和文明的诞生》(Babylon: Mesopotamia and the Birth of Civilization)，论及苏美尔、古巴比伦、亚述时期家驴的役使情况及文化习俗。[3]科林斯（Billie Jean Collins）主编的《古代近东动物史》(A History of the Animal World in the Ancient Near East)，探讨了驴、马等动物与宗教文化的关系[4]。其他如《梨俱吠

---

[1] Roger S. Bagnall, The Camel, the Wagon, and the Donkey in Later Roman Egypt, *Bullerin of the American Society of Papyrologists*(22), 1985.

[2] ［丹麦］莫恩思·特罗勒·拉尔森著，史孝文译：《古代卡尼什：青铜时代安纳托利亚的商业殖民地》，北京：商务印书馆，2021年。

[3] ［英］保罗·克里瓦切克著，陈沅译：《巴比伦：美索不达米亚和文明的诞生》，北京：社会科学文献出版社，2020年。

[4] Collins, Billie Jean ed., *A History of the Animal World in the Ancient Near East*, Leiden: E. J. Brill, 2002.

陀》(*Rigveda*)、《薄伽梵歌》(*Bhagavad Gītā*)、《摩奴法典》(*Manusmriti*)、《阿维斯塔》(*Avesta*)、《长征记》(*Anabasis*)、《亚历山大远征记》(*Anabasis Alexandri*)、《历史》(*The History*)等古典著作，均或多或少涉及宗教文化中驴的文化建构。

本书的研究资料主要基于考古学、历史学与语言学成果，另外涉及少量民族志材料。动物考古学的主要目标是理解人类与其所处环境间的关系[1]，尤其是人类与其他动物种群间的互动。从考古学角度出发，以家驴为线索，探讨古代世界经济、礼仪、社会身份及精神信仰的不同方面。本文所用的考古材料主要以遗址、墓葬出土的驴骨为主，并借助 DNA 技术加以分析。另外，还涉及岩画、壁画、雕塑、陶器、泥塑、铜饰、印章等类的古代艺术品。需要强调的是，解释文化的演化和持续性是复杂的，而考古材料通常是片段化的，需借助其他学科予以补充。

历史文献为学界理解家驴在丝绸之路上的传播提供了重要线索。例如埃及发现的莎草文书及铭刻陶片，美索不达米

---

[1] [美] Elizabeth J. Reitz, Elizabeth S. Wing 著，中国社会科学院考古研究所译:《动物考古学》，北京：科学出版社，2014年，第1页。

亚发现的楔形文字泥板、陶片等，绝大多数属于商业性质的契约文书，另外还有少量文学作品、法律条文等。希腊—罗马及中国的驴、骡信息则主要来自传世文献，少量为出土文献（如敦煌吐鲁番文书等），但整体较为分散零乱，较难全面掌握。波斯及中亚地区的早期史料主要来自希腊—罗马及中文史籍，属于对"他者"的描述。印度史料的性质与其他地区略有差别，主要出自宗教文献，如《梨俱吠陀》（*Rigveda*）、《薄伽梵歌》（*Bhagavad Gītā*）等，神话色彩较为浓厚，只能考证大致的年代范围，无法进行精确的年代学研究。

除了考古学与历史学的证据外，还可以借助比较语言学成果。任何文明区域内，驴的相关词汇都具有相应的文化母体——因为它们与人群的文化衍生有关。语言与认知是相辅相成的，语言的变化反映的是认知的变化，更反映出文化观念的转变。驴的文化术语的传播，是从一种语言到另一种语言，从一个语族到另一个语族。文化术语的传播速度与基础文化衍生及到达新地区的速度相同。因此，通过比较语言学可以研究动物及其文化的传播。例如在欧亚草原，人们普遍使用蒙古—突厥语词汇"kulan"或"khulan"称呼野驴。而在青铜时代至早期铁器时代，印度—伊朗语系人群则使用

gōr 或 χar 称呼野驴。公元前一千纪的胜利者（波斯人、斯基泰人和塞克人）是讲伊朗语系的群体，但他们的语言最终被中古时期讲突厥—蒙古语的人群所取代。

本书在整理和研究前人成果的基础上，从宏观角度对家驴的起源、驯化与传播进行梳理与研究，从而探讨丝绸之路大背景下家驴的文化史与不同文明下的历史轨迹。

在内容框架方面，本书正文共分为八章，另有结语、参考文献与后记。

第一章"驯化：从野驴到家驴"，共2节。第一节主要介绍全球野驴的种类及地理分布；第二节对家驴、家马及杂交动物骡的生物学特性进行比较。

第二章"驴背上的文明"，共3节。本章对埃及考古所见最早的家驴进行探讨，通过考古发现还原埃及与外界的贸易路线，探讨早期驴队的商业模式，并对家驴从法老坐骑沦为田间家畜的现象进行文化探讨。

第三章"驴车邦国"，共3节。第一节概述家驴作为早期牵引工具，使美索不达米亚诞生了最早的战车和邮政体系，构成了早期国家政权的重要一步；第二节论述家驴与早期王权间的文化联系；第三节探讨早期美索不达米亚文献中家驴的形象及其文化内涵。

第四章"远征的驴队",共3节。第一节分析亚述商团通过跨境贸易将家驴传播到欧洲的历史经过;第二节结合考古材料与文献对希腊—罗马时期家驴、驴骡、马骡在农业、军事和宗教方面的用途进行解读,进而探讨希腊—罗马时期独特的驴文化;第三节介绍罗马时期驴及驴乳的药用价值。

第五章"驴马之争",共4节。由于独特的地理环境,家驴与家马几乎在波斯及中亚地区同时出现,本章论述了考古所见的家马起源及学术争议,并进一步探讨家驴在波斯及中亚青铜时代至早期铁器时代人群中的传播过程。

第六章"印度河谷的驴鸣",共3节。本章论述了考古所见印度河流域哈拉帕—摩亨佐达罗文明中野驴的有关图形及文化含义,并通过考古学与语言学证据比较,分析家驴传入印度河流域过程中的语义演变及文化象征。

第七章"家驴入华",共2节。本章以考古学角度论述家驴传入中国的历史过程,并对战国至东汉时期家驴的用途及文化演变进行探讨。

第八章"驴骡驰逐",分"丝路胡商""畜力""驿驴""驴鞯""食驴与入药""隐喻"6节,探讨家驴从"奇畜"到家畜的文化演变,从动物史的角度剖析家驴融入华夏文明的历史轨迹。

"结语"部分对家驴在丝绸之路上的传播进行归纳和总结,从动物史的角度探讨其历史意义及规律。

综上所述,驴在人类文明演进的过程中扮演着重要角色。丝绸之路的文化空间是一幅既相对统一,又异常多元化的图景,虽局部呈现出碎片化的特征,但其文化发展整体上是连续的,没有出现明显的文化断层,这与丝路贸易上的商业精神与文化传播密不可分。从全球史视阈出发,家驴在丝绸之路沿线的传播,完美诠释了人类文明"各美其美,美人之美,美美与共,天下大同"的特点。丝绸之路可视为一个将不同文明联合成一个"综合体"的"更大"的文化空间,这需要学界在历史语境下重新审视丝绸之路文化的意义和内容。而本书的主旨,正是意在借助上述视角,探讨家驴在丝绸之路不同文明间的文化交流与互动。

第 一 章

驯化：从野驴到家驴

一、野驴的地理分布

在生物学上，马属动物（Equus）由马、斑马、驴和奥氏马四个物种构成❶。1883年之前，有一种与斑马存在亲缘关系的马科动物——斑驴（Quagga），曾生活于非洲南部大

---

❶ Cai, Dawei; Zhu, Siqi; Gong, Mian; Zhang, Naifan et al., Radiocarbon and Genomic Evidence for the Survival of Equus Sussemionus until the Late Holocene, *ELIFE* 2022(11).doi:10.7554/eLife.73346.

草原，南非史前岩画中亦有斑驴的图像，目前已灭绝[1]。另外，南西伯利亚及中国北方曾存在与驴形态较为接近的奥氏马（Equus ovodovi），其DNA显示为一种独立的马属物种，未被人类驯化[2]，其遗骨见于陕西神木县木柱柱梁遗址，年代下限为龙山文化晚期，现已灭绝[3]。

驴（Equus asinus）属于奇蹄目（Perissodactyla）马科（Equidae）马属（Equus）动物。马属动物起源于距今7500万年前的中生代，其直系祖先被认为是踝节目（Condylarthra）原蹄兽（Phenacodus），此后经历了始祖马（Eohippus）、渐新马（Mesohippus）、中新马（Protohippus）、原马（Merychippus）、上新马（Pliohippus）等阶段[4]。科学

---

[1] R. Higuchi, B. Bowman, M. Freiberger, O. A. Ryder, A. C. Wilson et al., DNA Sequences from the Quagga, an Extinct Member of the Horse Family, *Nature* 312(5991), pp.282-284.

[2] V. Eisenmann, S. Vasiliev, Unexpected Finding of a New Equus Species (Mammalia, Perissodactyla) Belonging to a Supposedly Extinct Subgenus in Late Pleistocene Deposits of Khakassia (Southwestern Siberia), *Geodiversitas* 2011.33(3), pp.519-530.

[3] 蔡大伟：《古DNA与中国家马起源研究》，北京：科学出版社，2021年，第126—127页。

[4] 侯文通主编：《驴学》，北京：中国农业出版社，2019年，第1—3页。

家通过对加拿大育空（Yukon）地区出土早更新世野马的DNA分析得知，马、驴分化的年代约为距今400万年，而化石证据为200万年[1]。

驴按照驯化程度，可分为野驴和家驴。目前已知的家驴种类，均由非洲野驴驯化而来。根据野驴的地理分布特性，目前主要存在两大品系：

（一）非洲野驴（Equus africanus），包括两个野生亚种，分别是索马里野驴（Equus africanus somalicus）和努比亚野驴（Equus africanus africanus），目前均已野外灭绝。古DNA研究表明，现代家驴（Equus asinus L.）均由索马里世系与努比亚世系驯化而来。非洲野驴的外形与现代家驴十分相似，差别在于：（1）索马里野驴腿部有黑色的横纹；（2）努比亚野驴肩部有一道特别的黑色条纹。韩璐等对中国境内唐代至明代家驴线粒体DNA的研究表明，索马里世系、努比亚世系对我国古代及现代家驴均有遗传贡献[2]。

---

[1] Orlando L, Ginolhac A, Raghavan M, True Single-molecule DNA Sequencing of a Pleistocene Horse Bone, *Genome Research*, 2011, 21(10), pp.1705-1719.

[2] 韩璐、朱松彪、宁超等：《古DNA揭示中国驴的母系世系和驯化》，《中国北方古代人群及相关家养动植物DNA研究》，北京：科学出版社，2018年，第212—223页。

图 1.1

1872 年伦敦动物园的叙利亚野驴

（引自 A. Parpola, 2010）

（二）亚洲野驴，包括叙利亚野驴（Equus hemionus hemippus）、印度野驴（Equus hemionus klur, Lesson 1827）、波斯野驴（Equus hemionus onager, Boddaert 1795）、里海野驴（Equus hemionus khur, Groves and Mazák 1967，又称 Equus hemionus finschii）、蒙古野驴（Equus hemionus hemionus, Pallas 1775）、戈壁野驴（Equus hemionus luteus, Matschie 1911）和西藏野驴（Equus kiang, Moorcroft 1841，又称 Equus hemionus kiang）。《马可·波罗游记》曾多次提及目击亚洲野驴的经过，其中一处是在伊朗的亚兹德（Yasdi），另一处是在中国的额济纳（Etzina）。在马可·波罗（Marco Polo）笔下，野驴是一种"动作优美的动物"，但他并未对野驴的习性进行描述，

也没有记录它们的当地称谓❶。

现代动物学家根据野驴的体型特征，将其分为小、中、大三组：

（一）小型野驴，身长 100 厘米以内，仅见于叙利亚野驴，曾广泛分布于叙利亚东北部高原，1927 年灭绝。叙利亚野驴具有极强的攻击性，奔跑速度快，曾被古代美索不达米亚人用来培育杂交驴种。土耳其哥贝克力（Göbekli Tepe）遗址出土过距今 11000 年的驴骨，经 DNA 鉴定属于叙利亚野驴。

（二）中型野驴，身长 108—120 厘米，包括印度野驴、波斯野驴和里海野驴。

（1）印度野驴（Equus hemionus khur），又称 Equus khur 或 khur，背部有十字状黑斑纹，上身皮毛呈棕红色，腿部为白色，由法国动物学家勒内·普里梅韦勒·莱松（René-Primevère Lesson）于 1827 年命名，曾广泛分布于印度西北部、巴基斯坦及阿富汗的干旱地带。20 世纪 60 年代后，印

---

❶ H. Yule, *The Book of Ser Marco Polo the Venetian Concerning the Kingdoms and Marvels of the East,* translated and edited, with notes. Third edition revised throughout in the light of recent discoveries by Cordier H. I-II. L., 1903, p.88.

图 1.2　印度野驴（引自 A. Parpola, 2010）

度野驴的栖息地逐渐缩小至俾路支斯坦（Balochistan）、巴基斯坦南端和印度边境一带，目前仅见于印度古吉拉特邦库奇兰恩（Kutch-Rann），濒临灭绝。据瓦伦丁·鲍尔（Valentin Ball）记载，当地人捕获印度野驴后，曾将其当作"野马"出售给拉贾斯坦王公[1]。

（2）波斯野驴（Onager），前额无额毛，鬃毛呈黑色，叫声似马，主要活动于高原亚寒带草甸和寒冻半荒地带，目前仅见于伊朗境内塞姆南（Semnan）省图兰（Touran）地区、法尔斯（Fars）省巴赫拉姆（Bahram）、卡维尔（Kavir）及

---

[1] Karttunen, India and the Hellenistic World, *Studia Orientalia*(83), Helsinki, 1997, p.179.

库什 – 耶拉格（Kosh-Yeilagh）地区，濒临灭绝。近年在伊朗图尔 – 伊·努拉巴德（Tol-e Nurabad）遗址发现的野驴彩绘陶片显示，至少在公元前4800—前4500年的新石器时代晚期，当地定居人群已熟知波斯野驴。

（3）里海野驴（Transcaspian），又称 kulan 或 qulan，目前多见于土库曼斯坦巴德希兹（Badkhys）保护区内。另外，哈萨克斯坦、乌兹别克斯坦境内也有零星分布，濒临灭绝。《世界征服者史》记述，成吉思汗召开了一次"忽邻勒塔"

图1.3 来自土库曼斯坦的里海野驴（引自 A. Parpola, 2010）

大会后，启程前往豁兰八失（Qulan bash）。Qulan bash 意为"野驴头"或"野驴出没之地"，位于今哈萨克斯坦江布尔（Jaunpur）附近❶。《世界征服者史》还提到，成吉思汗和诸子"在兀秃合（Utuqa）上马游乐"，"猎取野驴（kulan）"。兀秃合，位于今哈萨克斯坦希姆肯特（Chimkent）西北的阿克苏自然保护区一带。

（三）大型野驴，身长110—130厘米，包括蒙古野驴、戈壁野驴和西藏野驴。

（1）蒙古野驴，又称dziggetai，曾广泛分布于我国北方地区，目前主要集中于蒙古高原北部及新疆天山山脉沿线的荒漠草原地带，数量十分稀少❷。《史集》（*Jami'al-Tarikh*）中提及王罕的游牧地Otegu Qulan，《元史》作"月帖古忽兰"，《圣武亲征录》作"月忒哥忽兰"，意为"老野驴"，大致位于鄂尔浑河（Orkhon）上游地带❸。清代方观承《从军

---

❶ ［伊朗］志费尼著，何高济译：《世界征服者史》，北京：商务印书馆，2018年，第154页。

❷ 毕俊怀等：《中国蒙古野驴研究》，北京：中国林业出版社，第14—15页。

❸ 冯承钧编，陆峻岭增订：《西域地名》，北京：中华书局，1982年，第71页。

图 1.4 蒙古野驴（引自《中国蒙古野驴研究》，第 13 页）

杂记》记录了蒙古野驴的活动习性，"骡蹄为窟，出饮湖水，常百十为群，有豢其驹者，终不受鞍勒，乘之曾不能成步"。《新疆图志·山脉一》载："（奇恰尔）又东北曰库嘎尔之岭，库嘎尔水出焉，东南流入于其稀布勒孔盖河。有兽焉，状如马，名曰驹䮫。"[1] 驹䮫，即蒙古野驴的别称"dziggetai"。库嘎尔之岭，位于今新疆阿合奇县境内。

（2）戈壁野驴，又称 khulan，主要分布于蒙古国南部

---

[1] （清）王树枏等纂修，朱玉麒等整理：《新疆图志》，上海：上海古籍出版社，2017 年，第 1023 页。

第一章 驯化：从野驴到家驴

和中国北方的戈壁荒漠，数量稀少，属于蒙古野驴的地方品种。唐代杜佑《通典》"突厥条"载：突厥人"谓马为贺兰"。"贺兰"即 khulan 之音转，应为雄野驴的讹误。[1] 在《福乐智慧》(*Qutadghu Bilig*) 中有 "qulan ya taghï tut"，其中 qulan 为"雄性野驴"[2]，taghï 指代"雌性野驴"，原句可理解为"抓住雄性和雌性的野驴"[3]。《海屯行纪》提到，新疆准噶尔盆地荒漠有"黑白色的骡子"，"大过马驴"，即指戈壁野驴[4]。

（3）西藏野驴，又名"骞驴"(kiang)，最早见于吐蕃赞普赤德松赞（Khri Ide srong brtsan）时期编撰的《翻译名义大集》(*Mahāvyutpatti*)，吐蕃文作 rgyang，是亚洲野驴中体型最大的一种，身长约 140 厘米，背部与腹部毛色不同，

---

[1] （唐）杜佑：《通典》，北京：中华书局，1988 年，第 5402—5403 页。

[2] I. Hauenschild, Die Tierbezeichnungen bei Mahmud al-Kaschgari, Eine Untersuchung aus sprach-und kulturhistorischer Sicht, *Turcologica* 53, Wiesbaden, 2003, p.149.

[3] V. Rybatzki, Die Personennamen und Titel der mittelmongolischen Dokumente: Eine lexikalische Untersuchung, *Publications of the Institute for Asian and African Studies* 8, Helsinki, 2006, p.351.

[4] ［亚美尼亚］乞剌可思·刚扎克赛著，何高济译：《海屯行纪》，北京：中华书局，2002 年，第 16 页。

图 1.5
西藏野驴
（笔者拍摄）

从肩至尾有一道黑褐色线条。《马可·波罗游记》曾提到西藏野驴，并认为"蒙古野驴和西藏野驴（Kyang）是一样的"。据鲍尔（Ball）记录：19世纪晚期，西藏野驴常被误认为"野马"[1]。藏野驴主要分布于青藏高原（海拔2700—5400米之间）、甘肃南部、新疆东南部，以及巴基斯坦、尼泊尔北部等邻近区域。藏野驴的科学命名较晚，其研究也相对滞后。DNA分析表明，藏野驴与其他亚洲野驴遗传差异

---

[1] V. Ball, On the Identification of the Animals and Plants of India Which Were Known to Early Greek Authors, *The Indian Antiquary*, Vol. 14, 1885, pp.285-286.

明显，是一种单独的野驴品种。❶

二、驴的生物特性

生物学原理是动物考古学研究的基础。驴的骨骼与马、斑马十分相似，需要专业鉴定。众所周知，驴蹄比马蹄小，更易于在山地活动。但多数情况下，考古发现的马科动物的蹄，无法完整保存下来，因此骨骼鉴定成为区分二者的关键。艾森曼（Eienmann）指出，马骨与驴骨的主要区别有两处：（1）驴的前臼齿 P3、P4 及第一、二臼齿（M1、M2）的双叶在靠近舌侧的部位呈 V 形，而马呈 U 形；（2）马和驴的第 III 掌/跖骨，可通过测量进行区分❷。

另一个较为复杂的问题是家驴与野驴、普氏野马（Equus ferus）、奥氏马（Equus ovodovi）在骨骼形态上也十分相似，区分起来比较困难，多数情况下要借助 DNA 技术。

---

❶ Changfa Wang, Haijing Li et al., Donkey Genomes Provide New Insights into Domestication and Selection for Coat Color, *Nature Communications*, 2020(11): 6014. https://doi.org/10.1038/s41467-020-19813-7.

❷ 尤悦、吴倩：《家驴的起源、东传与古代中国的利用》，《北方民族考古》第 8 辑，北京：科学出版社，第 100 页。

高尼茨（Gaunitz）等对古代及现代马的基因组研究表明：普氏野马并非真正的野马，而是博泰（Botai）马驯化后重新返野的产物[1]。陕西省神木县木柱柱梁遗址龙山时代晚期出土的部分马科动物遗骨，曾被鉴定为驴骨，后经DNA检测属于奥氏马[2]。

驴为何能成为最早的驮畜？黄牛的驯化虽早于驴，但其对生存环境的要求很高。黄牛怕热，易脱水，故每天需要大量饮水。驴耳朵的长度大于家马和黄牛，可以充当散热器官，适合在炎热的沙漠环境中生存。因此在人类最早驯化的家畜（牛、驴）中，家驴耐旱、耐热的特性使它成为运输家眷、柴草等的最佳工具。驴步态敏捷，行走速度超过牛，且擅长在崎岖不平的山地、贫瘠的戈壁荒漠中行走。驴的耐力很好，能自动调节体温，并对饥渴有惊人的耐力。因此在史诗《伊利亚特》（*Iliad*）中，荷马（Homer）将伊亚斯（Aiace）比作一头"强壮的驴"。受过训练的家驴可2—3天滴水不沾，

---

[1] Gaunitz C, Fages A, Hanghoj K et al., Ancient Genomes Revisit the Ancestry of Domestic and Przewalski's Horses, *Science*, 2018, 360(6384), pp.111-114.

[2] 蔡大伟：《古DNA与中国家马起源研究》，北京：科学出版社，2021年，第126—127页。

甚至无需反刍，仍能保持强健的体力。在脱水状态下，家驴能正常消化食物。在唐代吐鲁番文书中，西州百姓取名常用"驴"字，如69TAM137号墓出土《唐西州高昌县张驴仁夏田契》中的人名"张驴仁"，即取家驴强健易活之意。

驴的自然寿命是25—30岁，骡约为30岁，但役使的驴、骡一般都活不到30岁。驴在6岁时发育成熟，7—15岁是役使、配种的最佳年龄。公驴18岁、母驴20岁之后，基本不再役使和配种。驴每天食用的草料相当于马的70%—75%，且粗饲料利用率比马高30%[1]。由于驴的下颌骨粗壮结实，骨密度极高，甚至能作为狩猎工具使用。因此，《士师记》有"用驴颚骨打死上千个敌人"的说法。《旧约》中提到，参孙（Samson）曾用驴的下颚骨屠杀非利士人（Philistinus）。在黎凡特南部一座青铜时代的建筑基址中，发现一块特意埋藏的驴下颚骨，应与早期的特殊信仰有关[2]。

动物学家研究表明：多数哺乳动物丧失体内水分的

---

[1] 侯文通主编：《驴学》，北京：中国农业出版社，2019年，第41页。

[2] I. Milevski, L. K. Horwitz, Domestication of the Donkey (Equus Asinus) in the Southern Levant: Archaeozoology, Iconography and Economy, edited by Rorem Kowner et al., *Animals and Human Society in Asia: Historical, Cultural and Ethical Perspectives*, Oxford: Palgrave Macmillan Cham, 2019, pp.93-148.

20%会迅速死亡，成年家马的极限值是12%—15%，而驴能承受30%的水分丧失。即使在圈养条件下，家马每日也需饮水15—30升，剧烈运动时则高达45—60升，因此家马需要不断补充水分[1]。家驴的生理机能与骆驼类似，可在缺水条件下长期负重行走。在埃及神话中，"沙漠之神"与"力量之神"赛特（Set）就是驴首人身的形象。驴和骆驼血液中均含有大量铝元素，渗透压很高，即使极度缺水，也能保持体内水分平衡。

在水源充足的情况下，骆驼可在10分钟内喝下100升水，使其体重增加三分之一。驴能更快补充水分，在其失水30%的状态下，可在2—5分钟内饮用24—30升水来恢复体力。而马在同等条件下大量饮水，会因红细胞破裂而死亡。这一特点对野驴来说十分重要——可以减少在野外的饮水时间，尽量避免周围捕食者的伏击。《梨俱吠陀》中有大量关于野驴饮水的比喻，例如：（1）饮用神圣的饮料时，要"像两头野驴在咸水洼地畅饮"[2]；（2）因陀罗（Indra）饮用苏麻

---

[1] ［英］埃尔温·哈特利·爱德华著，冉文忠译：《马百科全书》，北京：北京科学技术出版社，2020年，第324—327页。

[2] A. Lubotsky, A Rgvedic word concordance(I), *American Oriental Series* 82, New Haven, 1997, p.503.

第一章 驯化：从野驴到家驴　015

（Soma），"就像一头口渴的野驴"[1]。

另外，野驴还能直接饮用盐碱水而不使肝脏受损，其他哺乳动物则难以适应。根据野外观察，信德省境内的印度野驴甚至能直接饮用海水[2]。与此相比，家马则要娇贵很多，不但每日要饮用20—50升淡水，还要补充一定量的盐分[3]。根据田野调查：休息中的家马每日需补充盐30克，中等运动量的马需要60克，在炎热环境或剧烈运动状态下则要达到120克。

家马孕期一般为11个月，而驴的孕期接近一年[4]。驴、马间杂交，能产下杂种骡。贾思勰《齐民要术》载："骡，驴覆马生骡，则准常。以马覆驴，所生骡者，形容壮大，弥

---

[1] M. Mayrhofer, Etymologisches Worterbuch des Altindoarischen(I), *Heidelberg*, 1992, p.196.

[2] J. MacKinnon, K. MacKinnon, Animals of Asia, *The Ecology of the Oriental Region*, L.-NY, 1974, pp.102-104.

[3] 芒来、白东义等：《马科学》，呼和浩特：内蒙古人民出版社，2019年，第425—427页。

[4] 郭郛等：《中国古代动物学史》，北京：科学出版社，1999年，第197—198页。

复胜马。"[1] 即骡分两类：第一类是驴骡（Hinny），由公马、母驴杂交，像驴，体格大于驴接近马，叫声似马，实用价值不如马骡（Mule）；第二类是马骡，由母马、公驴杂交，外观像马，叫声似驴，比马、驴都高大。一般情况下，公驴配母马的受胎率为 70%—80%，而公马配母驴的受胎率为 30%。另外，骡驹易患溶血病[2]，其发病率达 30% 以上，死亡率高达 100%，驴骡的罹患率高于马骡数倍。因此，驴骡要比马骡数量稀少，价格更高，这也是驴骡更为珍贵的原因。

骡的适应性、韧性较强，耐热性、耐劳性、抗病力均强于马，最大驮重约 200 千克，但耐寒性、夜牧性弱于驴。整体而言，骡的体质要强于马，弱于驴，其腰肢病、淋巴管炎、骨瘤、蹄裂病的罹患率均低于马。骡较为早熟，不会因怀孕、哺乳而减少劳动时间[3]。骡对饲料要求低，食量是

---

[1] 贾思勰著，缪启愉校释：《齐民要术校释》，北京：农业出版社，1982 年，第 285 页。

[2] 所谓溶血病是一种特殊的生物现象，马、驴杂交会产生一种抗原物质传给骡驹，这种抗原刺激母本会产生对应的溶血素，并通过血液进入母乳中，特别是初乳含量更高，骡驹吃后会出现红细胞溶解和破坏的症状，导致骡驹因溶血性黄疸而死亡。

[3] ［英］埃尔温·哈特利·爱德华兹著，冉文忠译：《马百科全书》，北京：北京科学技术出版社，2020 年，第 6—7 页。

马的 75%—80%。骡驹喜欢群居，机警胆大，勇于与野兽搏斗，易于管理。骡善于在山地驮载，其挽力可达体重的 20%，而马只有 15%。骡的步伐为对侧步，使乘骑者能感到舒适平稳。

驴 2 岁可以使轻役，最大驮重约 100 千克，服役年限约 20 年。笔者在新疆调查期间发现，当地农民用驴驮运货物的重量多在 60—80 千克，前往巴扎（市场）的运程长达 3—4 小时。在阿克陶县木吉乡海拔 3000 米的高原地带，当地牧民的驴可以在 4 天时间里，负重 50 千克行走 160 千米。

过去遗传学认为，马骡和驴骡不能生育，因为驴有 31 对染色体，马有 32 对染色体，而骡的染色体无法正常分裂。但实际上，马骡、驴骡在偶然状况下也能繁殖后代。中国农业科学院对马骡、驴骡的繁殖研究表明，母骡能够在一定状态下产下后代❶。我国古代将公马、母骡所生的杂交种称"駏"，公驴、母骡所生后代称"驢"。唐代"诗鬼"李贺

---

❶ 恩宗泽：《母骡产駏》，《生物学通报》1983 年第 3 期，第 17—19 页。恩宗泽、范庚佺等：《马和驴种间杂交二代杂种染色体的研究》，《中国农业科学》1985 年第 1 期，第 83—86 页。恩宗泽、范庚佺等：《马、驴种间杂交回交一代杂种（B1）精（卵）子发生的研究》，《动物学报》1988 年第 2 期，第 135—138 页。

的坐骑，即是一匹母骡所产的"駏驉"。据《李贺小传》载："恒从小奚奴，骑距驉，背一古破锦囊，遇有所得，即书投囊中。"文中"距驉"，即"駏驉"❶。"駏驉"数量稀少，世间罕见，故与李贺诡奇的文风及英年早逝的"诗鬼"形象相符。汉代铭文镜中，常有"角王巨虚日有熹……""角王巨虚辟不详（祥）"等镜铭。据《文选·枚乘〈七发〉》载："前似飞鸟，后类皑虚。"张铣注曰："皑虚，兽名，善走。"❷ "巨虚""皑虚""距虚""駏驉"通用，都是指母骡所产的杂交种。

表1—1　马、驴、骡牵引力及功率统计表 ❸

类别	体重范围（kg）	典型牵引力（kg）	常速度（m/s）	功率（W）
马	350—700	50—80	0.9—1.1	500—850
骡	350—500	50—60	0.9—1.0	500—600
驴	200—300	15—30	0.6—0.7	100—200

---

❶ 上海辞书出版社编纂中心：《李商隐诗文鉴赏辞典》，上海：上海辞书出版社，2020年，第233页。

❷ 王世伦、王牧：《浙江出土铜镜（修订本）》，北京：文物出版社，2006年，第43页。

❸ ［加］瓦茨拉夫·斯米尔著，吴玲玲、李竹译：《能量与文明》，北京：九州出版社，2021年，第69页。

上述基因互补现象也存在于家马、普氏野马的杂交种间。生物学家发现家马有 32 对（64 条）染色体，普氏野马有 33 对（66 条）染色体。当二者的受精卵形成时，会出现一种基因互补染色体的现象，从而创造出一组新的染色体，使其染色体配对成功。因此家马与普氏野马可以繁育后代，二者的杂交种也能正常生育。类似的现象亦发生在索马里野驴（31 对染色体）与格利威斑马（Grevy's Zebra，23 对染色体）的杂交上❶。驴与斑马也可杂交繁殖，其后代称为驴斑兽（zonkey）❷。在基因组学出现以前，人们认为染色体数量的差异会阻碍杂交繁殖，但在基因组学出现后，旧有学说已被推翻。

---

❶ ［英］艾丽丝·罗伯茨著，李文涛译：《驯化：十个物种造就了今天的世界》，兰州：读者出版社，2019 年，第 282—283 页。

❷ 芒来、白东义等：《马科学》，呼和浩特：内蒙古人民出版社，2019 年，第 22 页。

第 二 章

驴背上的文明

埃及是人类历史上最早的文明古国之一,兴起于公元前5000年的尼罗河(Nile)流域。尼罗河谷地势狭长,西岸是一望无际的撒哈拉大沙漠,东岸是荒凉干燥的丘陵,唯有上游河谷两岸及下游三角洲地区适宜人类生存,因此古希腊历史学家希罗多德(Herodotus)称埃及是"尼罗河的赠礼"。每年6月,尼罗河洪水泛滥成灾,从上游冲击下来的肥沃土壤淤塞在三角洲地带,为古埃及农业文明的诞生提供了良好的基础,以至于亚里士多德(Aristotle)夸张的认为"尼罗河的养分能使埃及妇女诞下双胞胎,且孕期只有8个月"。

一、法老驴

自古埃及文明诞生之初，处于驯化状态的家驴就已出现，因此埃及也被称为"驴背上的文明"。费安娜·马歇尔（Fiona Marshall）关于家驴起源的研究认为，最早的家驴来自公元前4000—前3500年的上埃及地区。至少在公元前4000年，古埃及人已开始驯养努比亚野驴（Nubian wild ass）。近年来，考古学家在埃及奥马里（Omari El）遗址发现了年代更早的驴骨遗骸，时间为公元前4600—前4000年。但这批驴骨的形态与野驴较为相似，以至于学界一直存在争议，无法确定"奥马里驴"的真实身份[1]。近年来，生物学家借助DNA技术对家驴、野驴的分化时间进行了新的研究，发现家驴、野驴的分化时间约在公元前6500年[2]，远早于奥

---

[1] F. Marshall, African Pastoral Perspectives on Domestication of the Donkey: A First Synthesis, *Rethinking Agriculture: Archaeological and Ethnoarchaeological Perspectives*, Walnut Creek CA: Left Coast Press, 2007, pp.371-407.

[2] Chengfa Wang, Haijing Li et al., Donkey Genomes Provide New Insights into Domestication and Selection for Coat Color, *Nature Communications*, 2020(6014), https://doi.org/10.1038/s41467-020-19813-7.

马里驴的生存年代。由此可知,"奥马里驴"已经属于驯化动物的中期阶段。

驯化动物（domesticated animals）是指繁殖周期、地理分布及食物提供均由人类控制的动物群体。人类最初是如何驯化野驴的？目前并未发现相关的考古学证据。朱丽叶·克卢特顿·布洛克（Juliet Clutton-Brock）在《驯养哺乳动物的自然史》(*A Natural History of Domesticated Mammals*)中指出：驯养动物的能力取决于当地人群对动物行为的敏锐观察；有等级制度的动物比具有领地意识的动物更易驯养[1]。理查德·布利特（Richard Bulliet）认为，"驯化性"（domesticity）是人类与动物之间最重要的关系[2]。动物学家弗朗西斯·高尔顿（Francis Galton）提出，可驯化的动物必须符合两个基本条件:（1）自身渴望舒适的生存环境；（2）容易照顾并主动接近人类。而人类学家理查德·波茨（Richard Potts）认为，可驯化动物还应具备以下特征[3]:（1）

---

[1] Juliet Clutton-Brock, *A Natural History of Domesticated Mammals(2d. ed)*, Cambridge: Cambridge University Press, 1999, p.74.

[2] 沈宇斌:《全球史研究的动物转向》,《史学月刊》2019年第3期, 第122—128页。

[3] Richard Potts and Christopher Sloan, *What Does It Mean to Be Human?* Washington: Smithsonian Institution, 2012, p.168.

接受领头个体主导的社会结构;(2)适应人类圈养;(3)没有逃跑欲望;(4)饮食结构有弹性;(5)攻击性弱;(6)生育力旺盛;(7)生长速度较快。

苏联学者哈扎诺夫(Khazanov)从生物学、文化人类学角度指出,野生动物的饲养包括"选择""捕获""隔离""驯服""行为控制""干预繁殖""分散"与"适应新环境"8个步骤。❶ 格雷格尔·拉森(Greger Larson)、多里安·富勒(Dorian Fuller)指出:驯化动物的三个主要过程是"共生""猎食"和"直接驯化"。❷ 考古学界对早期美索不达米亚动物考古的研究表明,家畜的驯化并非直接源于狩猎采集人群,而是由最早的农业定居者开始实践的。有充分证据显示,史前时代与历史时期的狩猎采集者能够驯服(tame)动物,但驯服不等于驯化。人类学材料表明,狩猎采集者驯服的哺乳动物、鸟类和爬虫更类似于宠物。此类驯化行为属于一种娱乐活动,偶尔也会掺杂实用主义的色彩。

---

❶ [美]哈扎诺夫著,贾衣肯译:《〈游牧民与外部世界〉第二版导言》,《西域文史》第五辑,北京:科学出版社,2010年,第311—349页。

❷ [美]奥古斯汀·富恩勒斯:《一切与创造有关》,北京:中信出版集团,2018年,第95页。

在很多方面，驯服与驯化是完全不同的概念。学界一般认为，人类社会驯化家畜需要三个必要条件：（1）掌握被饲养动物的习性；（2）驯养者有相对稳定的生活方式；（3）有剩余农作物或植物作为饲料。

由此可以设想，人类对于野驴的驯化经历了一个漫长的过程。尽管这一过程无法还原，但根据19世纪的民族志材料，仍可大致推断非洲野驴的驯化过程。据西方探险家记录：如今已灭绝的非洲野驴（Equus africanus），曾经被撒哈拉以南的萨赫勒（Sahel）牧民季节性圈养。最初的牧民选择尚未成年的野驴幼崽，将其圈养在木栅栏中，每日提供饲料和水。长期的畜栏饲养，使人们对野驴的习性了如指掌，最终将其"为我所用"。类似的做法还见于阿尔泰的图瓦人群（Tuvas），他们主要圈养野生驯鹿，后来演变成对驯鹿的驯化。野驴驯化的最初目的，可能并非畜力的使用，而是为了获取稳定的肉食和奶源[1]。

在埃及尼罗河流域的麦哈迪（Maadi），出土了约公元前4000年的家驴遗骨。与奥马里驴相比，麦哈迪驴与现代

---

[1] B. Kimura et al., Donkey Domestication, *African Archaeological Review* 30(1), 2013, pp.83-95.

图 2.1

壁画巨蛇"拉瑞克"吞驴

(引自《埃及神话》,第 163 页)

家驴在形态上更为接近,野生特征已不再明显。人类的驯化会在基因与活动习性层面,改变动物的形态、毛色与行为方式。在驯化过程中,物种生存的自然选择被人工培育所取代,以满足人类在经济、社会、文化等领域的需求[1]。驯化最直观的特征,即动物形态的改变。此后,家驴的形象一直不间断地出现于古埃及壁画和象形文字中。在埃及壁画和文学作品中常有赛特与拉瑞克的身影,它们都与驴有着千丝万缕的

---

[1] Clutton-Brock, *A Natural History of Domesticated Mammals*, Austin: University of Texas Press, 1989, pp.21-33.

联系。埃及神话所描述的"力量之神"与"沙漠之神"赛特（Set），即是一个驴头（或河马头）人身的怪物，曾杀死了自己的亲兄弟。在另一则神话中，贪得无厌的巨蛇拉瑞克（Rerek）能一口吞掉整头家驴[1]。

在埃及阿比多斯（Abydos）一座公元前 3000 年的大型陵园内，考古学家发现了随葬的家驴骨骸和木船"太阳舟"（Solar Boat）[2]。古埃及人认为，人死后要去太阳落山之处，"太阳舟"可以让逝者渡过冥河，家驴则驮载逝者抵达冥界。也有学者认为：早期的埃及法老（pharaoh），或许希望在驴的陪伴下进入彼岸世界，并乘坐太阳舟遨游冥界，俯瞰世间[3]。在另外 3 座墓坑中，陪葬的 10 头驴被精心安置于苇席上，如同法老身边的高级官员。罗塞尔（Rossel）等学者指出，10 头驴中有 6 头为雄性，其中 4 头的年龄在 8—13 岁，它们生前营养状况良好，曾被精心饲养，但其髋、肩处关节

---

[1] ［英］加里·J. 肖著，袁指挥译：《埃及神话》，北京：民主与建设出版社，2018 年，第 163 页。

[2] ［德］托马斯·施耐德：《古埃及人的生死观与葬俗》，中国社会科学院考古研究所编：《埃及考古专题十三讲》，北京：中国社会科学出版社，2017 年，第 211 页。

[3] ［英］布莱恩·费根著，刘诗君译：《亲密关系——动物如何塑造人类历史》，杭州：浙江大学出版社，2019 年 12 月，第 122—123 页。

皆有炎症，应是乘骑负重引发的劳损[1]。通常情况下，驯养动物会因日常劳作而在骨骼上留下痕迹[2]。由此推测，这些驴曾是法老生前的心爱之物，也是他出行的交通工具。

仪式是一种文化与社会概念的行为。阿比多斯驴的出现，某种意义上正是财富与权力的体现。尽管它们保留着野驴的一些形态特点，如毛色发灰，体型高大、四肢细长等，但阿比多斯驴仍可视为王权的象征。遗传学家认为，现代西班牙安达卢西亚驴（Andalusian Donkey）的起源可追溯至阿比多斯驴——埃及法老的大型坐骑，有学者甚至称其为"法老驴"（Pharaoh Donkey），它们也是欧洲现存最古老的驴种之一，至少在公元前1000年已传入欧洲地中海沿岸。《创世记》（Genesis）中提到，埃及法老因喜爱亚伯拉罕（Abraham）的妻子萨拉（Sarah），赏赐给亚伯拉罕"许多公驴、母驴和奴婢"。在《出埃及记》（The Book of Exodus）中，摩西（Moses）亦是骑驴带领希伯来人逃出埃及的。

---

[1] Stine Rossel et al., Domestication of the Donkey: Timing, Processes, and Indicators, *Proceedings of the National Academy of Sciences* 105, 2008(10), pp.3715-3720.

[2] T. I. Molleson, The People of Abu Hureyra, in Moore Hillman and A. J. Legge, *Village on the Euphrates*, Oxford: Oxford University Press, 2000, pp.301-324.

图 2.2

伊提（Iti）墓壁画"驮筐的毛驴"

（引自《埃及：法老的世界》，第 124 页）

在阿比多斯驴出现之后的数百年里，埃及的家驴形象逐渐变小，背部出现明显的灰带纹，四肢更加粗短，已不再擅长奔跑[1]。尼罗河三角洲东部泰尔-法卡（Tell el-Farkha）墓地出土的驴骨表明，驴已作为家畜在经济活动中大量使用[2]。此后，驴的地位日趋卑微，成为疲于奔命的牲畜。在埃及萨

---

[1] [英]查尔斯·辛格等主编，王前等译：《技术史：远古至古代帝国衰落》（第 I 卷），北京：中国工人出版社，2021 年，第 343 页。

[2] U. Hartung, Interconnections between the Nile Valley and the Southern Levant in the 4th Millennium B.C., in F. Höflmayer and R. Eichmann eds., *Egypt and the Southern Levant in the Early Bronze Age*, Rahdem: Verlag Marie Leidorb GmbH, 2014, p.112.

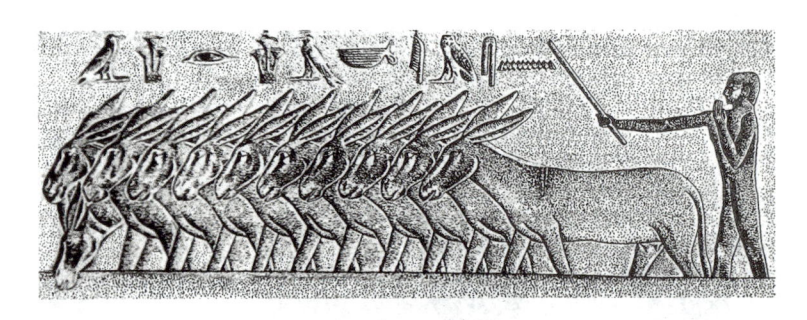

图2.3 麦诺卢卡墓壁画"驱赶家驴"（引自《古代埃及社会生活》，第116页）

卡拉（Saqqara）第六王朝麦诺卢卡（Mereruka）墓中，成群矮小的家驴与相貌丑陋的奴隶被刻在石壁上，表明驴已沦为农业生产、驮载货物与人员运输的劳动工具。当然，它们还提供一定比例的肉食和奶。埃及人将驯养的家驴放养于尼罗河谷地，让它们担水、驮物，甚至利用它们踩踏秸秆为谷物脱粒❶。在盖博拉（Gebelein）伊提（Iti）墓室中发现的壁画中，描绘了一头驴驮载着2个编织筐缓慢前行，年代为第一过渡期（约公元前2120年）❷。

---

❶ ［英］罗莎莉·戴维著，李晓东译：《古代埃及社会生活》，北京：商务印书馆，2017年，第116页。

❷ ［德］雷根·舒尔茨等主编，中铁二院译：《埃及：法老的世界》，武汉：华中科技大学出版社，2020年，第124页。

图 2.4 阿蒙依 – 赫姆乔姆（Amonei-Hemdjom）墓壁画"农夫与驴"（作者重描）

二、驴道商路

法老对财富的渴望，促使家驴组成的商队，深入崇山与荒漠，成为满足统治者贪欲的工具。以至于有学者曾言："古埃及的财富都驮在驴背之上。"埃及的古代贸易分为两大类：（1）跨区域远程贸易，如埃及通往阿富汗巴达赫尚的"青金石之路"、尼罗河三角洲通往埃塞俄比亚北部蓬特（Punt）的"木材之路"，以及通往地中海北岸及大西洋沿岸的"琥珀之路"等；（2）区域内短程贸易，道路较多，四通八达，包括尼罗河流域各地及上、下埃及的贸易路线，以及尼罗河连接红海之滨的"乳香之路"[1]等。无论是跨区域还

---

[1] ［德］托马斯·施耐德：《古埃及的国家与帝国》，中国社会科学院考古研究所编：《埃及考古专题十三讲》，北京：中国社会科学出版社，2017 年，第 147 页。

是区域内贸易，由家驴组成的商队都是这些重要贸易活动的参与者。

20世纪初，埃及阿斯旺（Aswan）附近出土一座麦伦拉（Merenre）法老时期（公元前2283—前2278年）的墓葬，墓主哈尔胡夫（Harkhuf）就是一位商队首领，曾奉法老之命四次出使努比亚腹地的亚姆（Yam）王国。哈尔胡夫率领由近千头家驴组成的商队，穿行于埃及与努比亚之间，得到努比亚国王的盛情款待。据铭文记载，哈尔胡夫的商队总能满载而归，"300多头家驴浩浩荡荡，驮着香料、乌木、象牙、珠宝等，收获颇丰"。根据考古学家推测，商队中约1/3的驴驮载货物，1/3用来运载粮食，其余的则负责运水[1]。

在埃及西部达赫拉（Dakhla）绿洲，考古学家发现了一座胡夫（Khufu）法老时期（公元前2589—前2566年）的哨卡遗址。据出土铭文记载，曾有400人规模的大型商团进入撒哈拉沙漠腹地大吉勒夫（Gilf Kebir）高原，从事金属矿石贸易。另据埃及第五王朝（公元前2494—前2345年）的一段铭文记录，一处私人农庄曾饲养760头家驴用于出

---

[1] Hans Geodicke, Harkhuf's Travels, *Journal of Near Eastern Studies* 40, 1981(1), pp.1-20.

图 2.5　蒙诺特普（Menothph）墓壁画"牧驴人"（作者重描）

租。而另一段铭文提到，努比亚与埃及之间曾活跃着一支由 1000 头驴组成的商队[1]。

1990—2000 年，德国探险家卡罗尔·伯格曼（Carol Bergmann）在调查达赫拉至大吉勒夫的贸易路线时，寻找到多处食物和水的补给站，并发现沿途密布的驴粪、驴骨、陶片及路标，因此这条商路也被称为"陶器山驴道"（Donkey Road of Pottery Hill）。通过对陶器的复原可知，道路的年代下限是埃及第六王朝时期（公元前 2345—前 2181 年）。到目前为止，考古界已发现 20 余处补给点及 300 多件大型陶制储物罐，用以贮存大麦、小麦等谷物。另一类蒙皮带盖的陶壶则用来储水，由于年代久远，水早已蒸发殆尽。部分补给站，还保存有面缸、石磨和火炉，显然商队曾在此生火做饭。根

---

[1] 尤悦、吴倩：《家驴的起源、东传与古代中国的利用》，《北方民族考古》第 8 辑，北京：科学出版社，第 101 页。

据家驴每日行走 25—30 千米的路程推算,商队每隔 2 天就要进行一次物资补给。单程从达赫拉至大吉勒夫需要 15 天时间,每头驴需携带 200 千克货物,而商队启程的时节可能是凉爽的冬季❶。

图 2.6　早王朝时期 "利比亚贡赋调色板" ❷ 中的家驴

---

❶ Stan Hendriicks et al., *The Pharaonic Pottery of the Abu Balls Trail: "Filling Stations" along a Desert Highway in Southwestern Egypt*, Koln: Heinrich-Barth-Institute, 2013, pp.339-380.

❷ [德] 雷根·舒尔茨等主编,中铁二院译:《埃及:法老的世界》,武汉:华中科技大学出版社,2020 年,第 30 页。

在埃及底比斯（Thebes）附近的帝王谷，出土过大量家驴的骨骸。根据动物考古分析，埃及人用驴驮载货物的方式有三类：（1）在驴背上安装驮筐，将货物装于筐内；（2）在驴背上放置驮架，再将物品固定于架中；（3）将货物直接搭在驴背上。❶ 在帝王谷附近的"工人村"，考古学家还发现了70间小泥砖屋和40个驴圈，推测是赶驴人的生活区。学界曾尝试复原古埃及人修建金字塔的场景——烈日下，石匠、陶工和园丁为建造金字塔而不停忙碌……而远处传来阵阵皮鞭声和驴鸣，苦力赶着驴摇晃着走来，在炙热的沙地上留下一串串蹒跚的脚印……

古埃及的家驴租赁业务十分普遍。在尼罗河西岸德尔－麦地那（Deirel-Medina），学界释读出许多刻有铭文的陶片和岩石，记录了公元前1500—前1200年底比斯的家驴租赁业务。所有契约会被文字准确记录，租驴者涉及各行各业，包括樵夫、差役、送水工等。一头驴的月租金约为3.75袋粮食，相当于一个平民月收入的2/3。❷ 在一份协议中提

---

❶ 李晓东：《古代埃及》，北京：北京师范大学出版社，2020年，第351页。

❷ A. G. McDowell, *Village Life in Ancient Egypt: Laundry Lists and Love Songs*, Oxford: Oxford University Press, 1999, pp.86-91.

到：一位叫阿门卡（Amen-Kha）的差役，租驴的费用为5代本（deben）❶铜。类似的租赁业务，在丝绸之路沿线一直延续至今。据段成式《酉阳杂俎》记载，唐代长安城东、西二市，也有专门出租家驴的"赁驴人"。在今天的伊朗、阿富汗、巴基斯坦等地，仍有类似的家驴租赁活动。

租赁业务有时也会产生纠纷。在德尔-麦地那出土的陶片上，记录了一场租驴纠纷：一名叫何瑞（Hori）的男子租了一头驴，结果租期未到驴就暴毙而亡。因赔偿问题，驴主与何瑞最终对簿公堂。由于判决陶片的缺失，这场3000年前的审判，结果已不得而知，但家驴在古埃及经济生活中的重要地位显而易见❷。

由于商业活动的兴盛，家驴也通过贸易路线不断向东传播。考古证据表明，至少在公元前2800年的埃兰（Elam）王国时期，家驴已越过美索不达米亚传播至伊朗西南的安善（Anshan）地区❸，关于家驴的丝路远征也由此开始。

---

❶ 代本（deben）是一种古埃及的重量单位，1代本相当于今天的91克。

❷ [英]布莱恩·费根著，刘诗君译：《亲密关系——动物如何塑造人类历史》，杭州：浙江大学出版社，2019年，第126—128页。

❸ [英]乔弗里·帕克、布兰达·帕克著，刘翔译：《携带黄金鱼子酱的居鲁士——波斯帝国及其遗产》，北京：中国社会科学出版社，2020年，第8页。

图 2.7 第六王朝时期梅胡（Mehu）墓壁画中的家驴 ❶

三、家马东来

公元前 1720 年，来自北方的希克索斯人（Hyksos）入侵埃及。凭借埃及人从未见过的复合弓❷、马拉战车和鱼鳞

---

❶ ［意］乔治·费列罗著，王聪译：《图说世界文明史·埃及》，济南：山东画报出版社，2020 年，第 69 页。

❷ 复合弓主要使用木、骨、角、筋腱粘接而成，其重量轻、长度短、威力大，射程可轻易达到 250 米。但复合弓工艺复杂、怕潮湿、难维护，对射手的体力和耐力要求较高。

第二章 驴背上的文明　037

甲，希克索斯人取得了绝对的军事优势，建立起近200年的埃及第十五王朝。目前，埃及考古发现最早的马骨遗骸来自戴尔-达巴（Tell Dabaa）遗址，正好处于第二中间期的第十五王朝期间，年代约为公元前1600年。

据史料记载，埃及人与希克索斯人曾爆发过一系列激烈的斗争，其中最著名的冲突来自《阿波菲斯与塞格尼拉之争》（*The Quarrel of Apophis and Seknenre*）的记载：希克索斯国王阿波菲斯（Apophis）抱怨埃及法老塞格尼拉（Seknenre）喂养的河马在夜间不断聒噪，影响其睡眠，双方因此展开了一场惨烈的战斗。最终，希克索斯人凭借娴熟的弓马优势，大获全胜。法老塞格尼拉则殒命沙场，埃及进入了希克索斯王朝时期。[1]

由于缺少可靠的历史文献，希克索斯人的族源问题一直备受争议。据公元前3世纪埃及祭司兼诗人曼涅托（Manetho）记载，希克索斯人是"牧羊"的游牧群体。"Hyksos"可能源自埃及语"heqa khasut"，意为"来自国外的人"。希克索斯人统治埃及期间，带来了先进的立式纺织机，此类织机主要

---

[1] [美]埃里克·H.克莱因著，贾磊译：《文明的崩塌：公元前1177年的地中海世界》，北京：中信出版集团，2019年，第29页。

用于织造高级毛织物基里姆（Kilim）挂毯❶。过去此类纺织品一直是迦南（Canaan）地区的特产。在中埃及贝尼-哈桑-卡蒂姆（Beni-Hasan-el-Qadim）地区发现的内沃普特（Nevothph）墓壁画中，出现了希克索斯人的形象，具有典型的闪米特人特征。画面中还有驮载武器、儿童的家驴，年代约为公元前17世纪❷。近年来，戴尔－曼施亚（Tell El Manshia）发现了一座希克索斯人墓葬，墓主为男性，生前属于希克索斯王朝的武士阶层❸。通过DNA研究推测，希克索斯人最初应源自今黎巴嫩、叙利亚和约旦一带，属于一个血缘混杂的半游牧人群❹。

---

❶ E. G. 察廖瓦著，张弛、昌迪译：《图瓦与阿尔泰早期游牧人的基里姆织物——欧亚大陆基里姆编织技术发展史》，《欧亚译丛》第五辑，北京：商务印书馆，2020年，第122—166页。

❷ 也有学者认为画中人物高加索特征明显，携带的武器与标枪均带有希腊风格，壁画年代为第十六王朝法老奥索尔塔森（Osortasen）统治的第六年。参见[法]让-弗朗索瓦·商博良著，高伟译：《埃及和努比亚的遗迹——商博良埃及考古图册》，长沙：湖南美术出版社，2019年，第263页。

❸ [埃及]马哈姆德·哈桑·阿菲菲·埃尔·谢里夫：《近年来埃及的考古发现》，中国社会科学院考古研究所编：《埃及考古专题十三讲》，北京：中国社会科学出版社，2017年，第297页。

❹ [英]理查德·迈尔斯著，金国译：《古代世界——追寻西方文明之源》，北京：社会科学文献出版社，2018年，第30页。

图 2.8 内沃特普（Nevothph）墓壁画"希克索斯人与驮武器的驴"（作者重描）

图 2.9 内沃特普（Nevothph）墓壁画"希克索斯人与驮儿童的驴"（作者重描）

由于地理环境的封闭，古埃及的军事技术相对落后，战车的出现要晚于美索不达米亚地区。上述文化现象也与埃及的地缘政治及生业模式有关。埃及并未与欧亚草原直接接壤，因此早期印欧人对其的袭扰和冲击较少。另外，尼罗河航运解决了物资的运输问题，货物装卸由驴或人力借助滚木、滑板即可完成，在一定程度上限制了车辆技术的发展，导致其车辆制造严重滞后。上述史实，在拉美西斯二世与赫梯人作战的浮雕中已有反映——埃及军队的辎重仍由家驴驮运，而非载重更大的车辆。罗杰·S. 巴格纳尔（Roger S. Bagnall）指出，埃及人的居住地多在距尼罗河岸 1 英里的区域内，其运输系统主要依靠船舶，且水运成本低廉，因此"车辆及制轮技术在经济生产中被长期边缘化"❶。

　　家马在传入埃及的初期十分珍贵。在埃及第十八王朝权臣塞南穆特（Senenmut）的墓葬中，马匹并未制成木乃伊，而是完整收殓于木棺中。根据病理学分析，这匹马并非殉葬，而是属于自然死亡，可见马在埃及的珍贵程度。早期埃及人的骑马姿势与骑驴类似，都是乘骑于背部靠后的位置。此类骑马方式，既危险又不舒服，唯一合理的解释是对骑驴技术

---

❶ ［美］理查德·W. 布利特著，于子轩、戴汭译，罗新校：《骆驼与轮子》，北京：北京大学出版社，2022 年，第 VII 页。

的沿用，这也是家马传入初期才特有的文化现象。此类乘骑方式广见于埃及出土的"马夫雕像"及一些壁画中。❶

饲养家马，意味着古埃及社会更高程度的内部整合。马的普及催生了军事贵族阶层的产生。到新王国时期，法老不但拥有一定数量的常备军，还保留着大量雇佣兵。常备军中的武士阶层，渴望通过军功来获得更高的社会地位，摄取更多的权力与财富。家马及马拉战车成为军事贵族集团晋升的阶梯，受到富人群体的青睐。在埃及，只有拥有土地的贵族才能在战车上作战。车战需要的是高度职业化的军人。战车在高速行进时，驭手的双腿要承受车辆反弹引起的震动，重心也随之转移；当战车转弯时，驭手要牵制内侧的马，并以缰绳控制外侧的马。战车投掷手则需要在车辆行驶中保持平衡性，掌握投掷标枪与射箭等的精度与准度。上述技巧，都是专业化的，需要经过长期刻苦的训练。另外，牵引战车的家马也需要专门训练，才能在战场上驱使自如。❷

从新王国开始，埃及人以拥有家马与车辆为荣，马车

---

❶ 李晓东：《古代埃及》，北京：北京师范大学出版社，2020年，第353、355、356页。

❷ [美]大卫·安东尼著，赖芊晔译：《马、车轮和语言：欧亚草原的骑马者如何形塑古代文明与现代世界》，新北：八旗文化出版社，2021年，第490页。

成为身份与地位的象征。在同时期的美索不达米亚也是如此——在阿卡德（Akkadia）语中，战车驭手被称为mariann，意为"贵族成员"。埃及阿玛尔纳（Amarna）王宫遗址出土的泥板文书——"阿玛尔纳信件"（The Amarna Letters），主要是公元前1385—前1355年埃及法老与美索不达米亚各君主间往来的书信。通过这些信件可知，马及马车常作为外交礼物往来于各国间。在"阿玛尔纳信件"中，最常见的外交辞令是："祝福你的家庭，你的妻子，你的孩子，你的国家，你的权贵，你的骏马，你的战车。"❶

目前关于早期车辆的考古证据较少，主要分为三类：（1）保存在地表的车辙或车道痕迹❷；（2）有关车、车轮的图像及模型；（3）保存于特殊环境里的车辆实物❸。埃及的考

---

❶ John Curtis and Nigel Tallis, *The Horse: From Arabia to Royal Ascot*, London: The British Museum Press, 2012, p.20.

❷ 已知最古老的车辙印发现于德国石勒苏益格—荷尔斯泰因州（Schleswig-Holstein）的弗林特贝克（Flintbek），距今约5400年。详见[德]约翰内斯·克劳泽、托马斯·特拉佩著，王坤译：《智人之路：基因新证重写六十万年人类史》，北京：现代出版社，2021年，第83页。

❸ Wolfram Schier, Central and Eastern Europe, in Chris Fowler, Jan Harding, and Daniela Hofmann ed., *The Oxford Handbook of Neolithic Europe*, Oxford, 2015, p.108.

图 2.10　尼巴蒙（Nebamun）墓壁画中的"马车"与"骡车"（引自 John Curtis, 2012）

古发现主要属于第三类，已知的早期马车实物共 8 辆，其中 6 辆出自新王国时期的图坦卡门墓，年代为公元前 1336—前 1327 年。这些马车使用白蜡木（Fraxinus）作轮缘，有橡木（Quercus）辐条与桦树皮系索[1]，材料全部产自埃及境外。[2] 在底比斯尼巴蒙（Nebamun）墓壁画中，出现了马车与骡车

---

[1] 早期马车一般避免使用金属铆钉，以防止马车冲击时导致木材开裂。桦树皮韧性极佳、易塑造、防水、耐腐蚀，经久耐用，是良好的系索材料。

[2] ［德］托马斯·施耐德：《古埃及的国家与帝国》，中国社会科学院考古研究所编：《埃及考古专题十三讲》，北京：中国社会科学出版社，2017 年，第 162 页。

的形象，年代约为公元前 1500 年。壁画上部绘有两匹马及一辆战车，由车夫执持，马种接近于今天的阿拉伯马。下部绘有一辆礼仪用车，由一对白骡牵引，驭手在车内休息❶。

职业军人阶层的出现，改变了埃及的社会结构。大量的外来人群以雇佣兵、拓荒者、奴隶、囚犯等身份进入埃及，成为埃及的新移民。他们之中有利比亚人、努比亚人、黎凡特人、巴勒斯坦人以及美索不达米亚人。在戴尔－达巴地区发现了许多新移民的墓葬，其中一些墓葬的殉坑中还出土有完整的驴骨，此类葬俗过去未见于尼罗河两岸，应源自黎凡特地区❷。

尽管马的军事作用十分显著，但在整个青铜时代，家驴与骆驼始终是欧亚大陆西部最主要的驮畜。作为人类最早驯化的家畜之一，家驴的作用仍不可替代。在"阿玛尔纳信件"第 96 号文书中，提到了苏木尔（Sumoor）城发生的一场人驴共患的瘟疫，导致王室财产严重损失。据推测，这

---

❶ John Curtis, Nigel Tallis, with the Assistance of Astrid Johansen, *The Horse: From Arabia to Royal Ascot*, London: British Museum Press, 2012, p.18.

❷ ［美］温迪·克里斯坦森著，郭子林译：《古代埃及帝国》，北京：商务印书馆，2015 年，第 126 页。

是一封埃及法老写给比布罗斯（Byblos）统治者瑞布哈达（Rib-Hatta）的信[1]：

> 苏木尔人不能进入城市。正如你所言，苏木尔城发生了瘟疫。瘟疫会感染人，还会感染驴子。是什么瘟疫感染家驴，使它们不能行走？是否保护好国王的驴子？国王的财产（驴）不能受损，因为国王需要它们……如果这些驴的主人是国王，请照看好这些驴。

公元前525年，阿契美尼德王朝统治者冈比西斯二世（Kambyses II）率领波斯大军攻占埃及，埃及第二十六王朝灭亡。此后，埃及人曾多次发动叛乱，反抗波斯的统治，但均遭到残酷镇压。亚历山大大帝征服波斯后，埃及沦为新帝国的一个行省，开启了希腊化时代。公元前306年，亚历山大大帝的助手托勒密（Ptolemaeus）自立为王，建立托勒密王朝（Ptolemaic Dynasty）。在克利奥帕特拉七世（Cleopatra VII）统治时期，驴乳成为托勒密王朝贵妇争相追逐的奢侈

---

[1] ［美］埃里克·H. 克莱因著，贾磊译，《文明的崩塌：公元前1177年的地中海世界》，北京：中信出版集团，2018年，第80—107页。

品。据说克利奥帕特拉凭借美貌和娇嫩肌肤，征服了罗马皇帝凯撒（Gaius Julius Caesar）和安东尼（Marcus Antonius）。克利奥帕特拉相信世间最好的护肤品是驴乳，因此她每日坚持用驴乳沐浴，并在后宫圈养了大量产奶的母驴。公元前 30 年，盖乌斯·屋大维（Gaius Octavian）率领罗马军团兵临亚历山大港，马克·安东尼与艳后克利奥帕特拉殉情而亡，托勒密王朝灭亡❶。埃及原有的文化土壤已发生变化，但驴乳的妙用却传播到了罗马，并在亚平宁半岛（Apennine Peninsula）生根发芽。

罗马统治下的埃及，陆路运输仍然以驴、骡和骆驼为主。根据公元 2 世纪的埃及牲畜价格表显示，一头驴的价格约为牛的 1/2，骆驼的 1/4；一辆骡车的售价为 80 德拉克马，价格约为一头牛的 1/3❷。一头骆驼每日的行程约为 32 千米，载重量 250 千克，虽然运量超过驴、骡的 1 倍，但成本却是

---

❶ ［德］赫尔曼·亚历山大·施勒格尔著，曾悦译：《古埃及史》，上海：上海三联书店，2021 年，第 185—199 页。

❷ Allan Chester Johnson, Roman Egypt, Tenney Frank ed., *An Economic Survey of Ancient Rome* vol.II , Baltimore: Johns Hopkins Press, 1936, pp.230-233.

驴、骡的2倍❶。由此可知，陆路运输成本最低的牲畜仍是驴和骡。

综上所述，家驴作为人类最早驯化的家畜，对于古埃及文明的起源具有重大贡献。家驴的形象与象征意义，在埃及经历了由财富与繁荣到卑微、低贱的过程❷。早期的家驴与野驴相比，代表着积极的一面，是法老的坐骑，象征权力与财富；到中王国时期，驴与沙漠之神赛特相联系，形象逐渐扭曲，地位日益低贱，沦为平民奴役的工具；至第三中间期与末期，驴的形象最终被丑化、妖魔化，成为人们厌恶的对象。

---

❶ ［美］理查德·W. 布利特著，于子轩、戴泇译，罗新校：《骆驼与轮子》，北京：北京大学出版社，2022年，第56页。

❷ 范晶晶：《黔之驴：一个文学形象的生成与物种迁徙、文化交流》，《民族艺术》2022年第2期，第35—44页。

第 三 章

驴车邦国

美索不达米亚（Mesopotamia），源于希腊语"两河之间的土地"，主要指幼发拉底河（Euphrates）与底格里斯河（Tigris）流域的伊拉克、叙利亚及土耳其的大部地区。由于形状酷似一轮新月，故又称"新月沃土"（Fertile Crescent）。美索不达米亚地理环境较为特殊：东、北连接扎格罗斯山（Zagros）、托罗斯山（Taurus），西临叙利亚沙漠，南临波斯湾与阿拉伯高原，山脉、丘陵与平原纵横其间，夏季炎热干燥，冬季潮湿阴冷。每年雨季，美索不达米亚地区洪水泛滥，河流交错，形成大面积的湿地与沼泽，既有益于植物生长，

图 3.1
乌穆达巴基耶遗址
出土野驴图像
（作者重描）

又利于鱼类、野生动物繁衍生息。因此，这里成为早期狩猎采集人群（hunter-gatherers）的理想家园，成为人类文明诞生的摇篮。

考古发现表明，在距今 4 万至 1 万年前，美索不达米亚的狩猎采集社会已开始捕猎野驴、野猪、野山羊等哺乳类动物，采集一年生的野生小麦、大麦、黑麦及各种豆类为食物❶。以此为基础，20 世纪 60 年代美国考古学家弗兰瑞纳（Flannery）提出"广谱食物革命"（Broad-spectrum Revolution）理论，指出人类进入中石器时代（Mesolithic）

---

❶ ［美］罗伯特·N. 斯宾格勒三世著，陈阳译：《沙漠与餐桌：食物在丝绸之路上的起源》，北京：社会科学文献出版社，2021 年，第 186 页。

以来，食物选择逐渐多样化直接影响到人类文明的演化[1]。

1950年，伊拉克北部乌穆－达巴基耶（Umm Dabaghiyah）发现一处公元前7000年的史前聚落遗址，属于原始哈苏纳（Hassuna）文化[2]。复原的屋址内安装有悬挂肉干、皮革的木架；屋外的灰坑中则散布着大量的野驴骨骸[3]。考古学家推测，每年4月下旬至5月，野驴会定期进行群体性迁徙。乌穆－达巴基耶附近的猎人，会按时出现在野驴迁徙的道路两侧，选择合适的时间和地点，对其进行伏击，以此获取猎物[4]。

动物最基本的用途是满足人类食物的需要。在此前提下，才会出现经济、文化等社会活动的基础。学界认为，早期的乌穆－达巴基耶居民并非单纯猎杀野驴食用，而是利用驴皮、驴骨等从事贸易活动。猎人只季节性狩猎，并非常驻于此。

---

[1] V. K. Flannery, The Ecology of Early Food Production in Mesopotamia, *Science*, 1965, 147(3663), pp.1247-1256.

[2] 杨建华：《两河流域：从农业村落走向城邦国家》，北京：科学出版社，2014年，第82页。

[3] ［美］戴尔·布朗主编，王淑芳译：《苏美尔——伊甸园的城市》，北京：华夏出版社，2004年，第87页。

[4] ［美］詹姆斯·C. 斯科特著，田雷译：《作茧自缚——人类早期国家的深层历史》，北京：中国政法大学出版社，2022年，第55—56页。

每当狩猎季结束后，他们会带着战利品进入其他社区交易，出售野驴的皮和骨❶。野驴皮通常会被异地鞣制、加工，而野驴骨则被切割、磨制成加工器具的骨料。在遗址的残垣断壁上，考古学家还发现了早期猎人用网捕捉野驴的壁画，说明捕获并利用野驴已是当地人群的文化属性之一，反映出本地群体的生业模式和信仰体系。而猎食野驴的习俗，在美索不达米亚一直延续到 14 世纪的伊斯兰时期，在伊本·白图泰（Ibn Battuta）的游记中仍有所提及。❷

公元前四千纪中叶，黎凡特（Levant）及美索不达米亚一带出现了家驴的身影。在约旦北岸希尔贝特·泽拉昆（Hirbet ez-Zeraqon）遗址，出土了 5 件家驴小陶塑。这些家驴的特点是耳朵细长，有坚硬、竖直的鬃毛，尾巴短小。其中 4 件驴背负货物前行，货物由袋状驮包固定，再用绳带捆绑，说明家驴可长途运输货物。一头家驴驮载行人，可见辔头、鞍鞯等驭具，说明此时家驴还充当坐骑使用。动

---

❶ ［法］乔治·鲁著，李海峰、陈丽艳译：《两河文明三千年》，郑州：大象出版社，2022 年，第 60 页。

❷ ［摩洛哥］伊本·白图泰口述，伊本·朱绥笔录，阿卜杜勒·哈迪·塔奇校订，李光斌译，马贤审校：《异境奇观——伊本·白图泰游记（全译本）》，北京：海洋出版社，2008 年，第 91 页。

物考古学、古病理学（Paleopathology）证据也支持上述结论，如泰尔－埃斯－萨坎（Tell es-Sakan）、纳哈勒－哈贝索尔 H（Nahal Habesor Site H）、阿夫里达尔（Afridar）、洛德（Lod）、阿泽卡（Azekah）、泰尔杰宁（Tel Jenin）、齐波里（Ein Zippori）、特丘拉（Tell Chuera）等遗址出土的家驴遗骨，均发现有脊椎、足骨的增生、变形或慢性炎症现象[1]。

人类对驴的驾驭，意味着青铜时代动物驮运方式的一种创新，随之衍生出与此相关的商业人群。由此可见，当地社会已存在一批职业商人与驴队，专门从事贸易运输，并具备管理家驴的专业知识。在此背景下，"城市革命"开始在美索不达米亚兴起，早期城市与周边地区出现了更加密切的权力与贸易联系，早期城邦国家由此产生。

一、战车与邮车

美国历史学家塞缪尔·克莱默（Samuel Kramer）曾言：

---

[1] I. Milevski, L. K. Horwitz, Domestication of the Donkey (Equus Asinus) in the Southern Levant: Archaeozoology, Iconography and Economy, edited by Rorem Kowner et al., *Animals and Human Society in Asia: Historical, Cultural and Ethical Perspectives*, Oxford: Palgrave Macmillan Cham, 2019, pp.93-148.

"历史始于苏美尔。"约公元前3500年，苏美尔人在幼发拉底河畔创造出灿烂的文明，他们建造城市，开挖运河，冶炼金属，发明出高效的农业灌溉技术。至公元前3000年，苏美尔（Sumer）工匠发现重物在地面滚动比拖行更加省力，于是发明了车轮。世界上最早的车轮出现于苏美尔时期，最初由整块坚硬的厚木板刮削而成，车轮无辐条结构，之后用木头、铜支架将车轮固定在轴上。已驯化的牛、驴被用来拉车，于是人类最早的运输工具——车辆诞生了。

在此基础上，苏美人改进了车辆结构，用3块木板拼接车轮，并用青铜钉加固，由此出现了最早的四轮货车。为了延长车轮的使用寿命，工匠还发明了青铜车箍[1]，进一步提高了车辆的运输效率。为了便于运输，苏美尔人在交通干道上挖出路轨，以便车轮能接合、滚动。从此，苏美尔人驾驶着车辆，载着陶器、珠宝和金属制品远离故土，开始与周边人群进行大规模的商业贸易[2]。

---

[1] ［西班牙］胡安·卡洛斯·洛萨达·马尔瓦莱斯著，宓田译：《从投石索到无人机——战争推动历史》，北京：中国社会科学出版社，2019年，第25页。

[2] ［美］芭芭拉·A.萨默维尔著，李红燕译：《古代美索不达米亚诸帝国》，北京：商务印书馆，2017年，第7、21页。

图 3.2　乌尔王陵箜篌上的动物宴乐图（引自 John Curtis, 2012）

1927—1928 年，伦纳德·沃利（C. L. Woolley）在苏美尔时期的乌尔王陵（Royal Graves of Ur）中，发现了随葬的驴车与牛车。与驴车一起殉葬的还有驭手，他们立于车首，手中捧着殉牲的头颅[1]。类似的青铜四驴双轮战车模型，曾出土于伊拉克阿格拉卜（Agrab）丘地，高约 7.2 厘米，由

---

[1] ［英］保罗·巴恩主编，郭晓凌、王晓秦译：《剑桥插图考古史》，济南：山东画报出版社，2000 年，第 233—234 页。

第三章　驴车邦国　055

失蜡法浇铸而成，驴眼采用贝壳镶嵌技术，做工十分精美。在乌尔王陵出土的一件大型箜篌上，还有一幅动物奏乐宴饮图，反映的是苏美尔早期的神话故事。整幅画面由贝壳、青金石镶嵌而成，其左侧有一头驴正在弹拨牛首箜篌❶。

另一件反映驴战车形象的是"乌尔军旗"，发现于苏美尔的乌尔城邦遗址。表面上看，乌尔军旗类似一个空木箱，长约48厘米，高约20厘米，分正反两面。有学者认为，它是一种弦乐器的共鸣箱❷。时至今日，考古学家还不能确认"乌尔军旗"的真正用途❸。在"乌尔军旗"的镶嵌画中，出现了驴子牵引的四轮双人战车，以及战车碾轧敌人尸体的场景，显然是为了彰显王权与胜利者的姿态。在歌颂乌尔第三王朝君主乌尔那穆（Ur-Nammu）的史诗《乌尔那穆之死》中，乌尔那穆以驴和战车随葬，希望在冥界继续与敌人作

---

❶ ［美］戴尔·布朗主编，王淑芳译：《苏美尔——伊甸园的城市》，北京：华夏出版社，2004年，第123页。

❷ ［美］芭芭拉·A. 萨默维尔著，李红燕译：《古代美索不达米亚诸帝国》，北京：商务印书馆，2017年，第101页。

❸ ［美］芭芭拉·A. 萨默维尔著，李红燕译：《古代美索不达米亚诸帝国》，北京：商务印书馆，2017年，第16页。

图3.3 "乌尔军旗"正面，最底层为驴战车（引自 John Curtis, 2012）

战[1]。也有学者指出：美索不达米亚民间信仰中，逝者需要乘驴车进入亡灵世界。

乌尔军旗与阿格拉布丘地发现的战车都是四驴牵引模式，车辆结构为独辀短衡，驴有头架固定的鼻带、缰绳环及护齿，颈部有项圈状的軛，车辀固定有双缰绳环，便于驭手控制。驴牵引车辆时，主要由颈部受力，通过衡和軛带动车

---

[1] 耿金锐:《解析〈乌尔那穆之死〉》，东北师范大学 2019 年硕士学位论文，第 40 页。

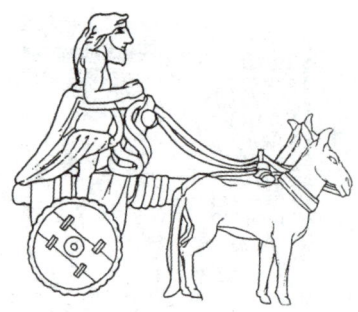

图 3.4-1　阿格拉卜（Agrab）丘地出土青铜驴战车（公元前 2500 年）❶

图 3.4-2　卡尼什（Kanesh）第二王朝印章驴战车图像（公元前 1900 年）❷

❶ 高火编著：《古代西亚艺术》，石家庄：河北教育出版社，2003 年，第 212 页。

❷ Raulwing Peter, Horses, Chariots and Indo-Europeans, *Archacolingua Series Minor* 13, Budapest: Archacolingua Foundation, 2000, p.10.

辆前进。类似的驴车及驭具实物在乌尔王陵、基什（Kish）、马里（Mari）以及叙利亚的布拉克丘地（Tell Brak）均有发现。学界认为，此类驴战车的牵引装备是由牛轭具演化而来。至于驴衔的使用证据，则来自以色列哈罗丘地遗址（Tell Haror）的一具带青铜衔的驴骨架，年代为青铜时代中期（公元前1700年）❶。

家驴牵引战车的速度与人步行相近，其作战方式并非马拉战车般冲锋陷阵，而是作为步兵的移动武器库使用。驴战车前部的桶中，装满了投射用的标枪、石弹。标枪的使用方式，在卢浮宫收藏的"美索不达米亚秃鹫碑"（Stele of the Vultures）浮雕上有所反映。石弹则是由投石索抛射而出，弹丸初速度为100m/s，远超弓箭的初速度。投射手若自幼接受严格训练，其投射距离甚至可达500米。❷ 美索不达米亚的考古发现表明，石弹分为圆形、尖形两类，抛

---

❶ John Curtis, Nigel Tallis, with the Assistance of Astrid Johansen, *The Horse: From Arabia to Royal Ascot*, London: British Museum Press, 2012, p.18.

❷ 投石索相对于简易弓箭具有巨大的优势，操作简单，攻击范围更大，能对敌方造成巨大伤害。美索不达米亚牧人常使用投石索驱赶羊群，驱逐野兽，因此早期城邦国家能迅速将熟练使用投石索的民众武装投入战场。

射手可通过技巧使尖头弹像步枪子弹般螺旋飞行，以提高射击精度。在叙利亚哈穆卡尔（Hamoukar）古战场遗址内，仍残存有大量乌鲁克时期投射的标枪、石弹❶。《士师记》（Judge）、《罗马史》（Roman History）都记载了抛射石弹攻击敌阵的战术，可见早期战争中驴车的作用。有"江流儿"❷之称的萨尔贡（Šarru-kin）大帝，正是借助驴车战术完成了对美索不达米亚的大一统，建立了赫赫有名的阿卡德帝国（Akkadian Empire）。

关于"乌尔军旗"中驴的品种，学界一直存在争议。有学者认为，公元前三千纪至公元前二千纪早期，美索不达米亚有多个品种的亚洲野驴，并可能存在一种野驴与家驴的杂交种。亚洲野驴比家驴更高大、健壮，善于奔跑，可用来牵引双轮战车。据苏美尔时期的楔形文书记载：由家驴与亚洲

---

❶ ［英］保罗·克里瓦切克著，陈沅译：《巴比伦：美索不达米亚和文明的诞生》，北京：社会科学文献出版社，2020年，第92—119页。

❷ 传说萨尔贡之母是一位祭司。萨尔贡出生不久，其母将他遗弃于篮中，顺河水漂流，后被一位园丁收养。类似"江流儿"传说亦见于摩西（Moses）、罗慕路斯（Romulus）与雷慕斯（Remus）等神话。明代吴承恩所著《西游记》借用了这一故事情节，描述了唐僧的苦难身世。

图 3.5　乌尔王陵出土缰绳环及其驴饰（引自 John Curtis, 2012）

野驴繁衍的杂交驴，价格是普通驴的 6 倍。[1]

---

[1] N. Postgate, The Equids of Sumer, Again, R. H. Meadow, H.-P. Uerpmann (Eds.), *Equids in the Ancient World*, Beihefte zum Tubinger Atlas des Vorderen Orients Reihe A, Nr. 19/1, Wiesbaden, 1986, pp.194–206.

第三章　驴车邦国

里斯·扎金斯（Juris Zarins）在《公元前第三千纪美索不达米亚墓葬中的马科动物》（Equids Associated with Human Burials in the Third Millennium B. C. Mesopotamia）中指出："考古学家面对的难题，是如何分辨驴骨样品的种系及用途。我认为，美索不达米亚高等级墓葬中会出现亚洲野驴（E. hemionus）与家马（E. caballus）的杂交种。虽然亚洲野驴（E. hemionus）是从以繁殖为目的的野生种中挑选的，但它们并非单纯用于人们的日常生产活动。考虑到诸多复杂因素，通过动物考古辨别细节上的差异十分必要。"[1]

有学者认为，古代美索不达米亚家驴存在野驴基因的渗入现象。基因渗入并非一种简单的理论，而是生物进化的重要动力。特别是人类在驯化植物与动物的过程中，存在大量基因渗入的例证。如面包小麦（六倍体，AABBDD）的基因来自栽培二粒小麦（四倍体，AABB）和野生节节麦（二倍体，DD）自然杂交形成；苜蓿、大麦、玉米、水稻、黑麦、高粱和大豆都存在其他植物基因渗入的现象。以奶牛的

---

[1] J. Zarins, Equids Associated with Human Burials in Third Millennium B. C. Mesopotamia: Two Complementary Facets, R. H. Meadow, H.-P. Uerpmann (Eds.), *Equids in the Ancient World*, Beihefte zum Tubinger Atlas des Vorderen Orients Reihe A, Nr. 19/1, Wiesbaden, 1986, p.189.

二次驯化为例，第一次发生在美索不达米亚，是由普通黄牛驯化而来；第二次则发生在南亚次大陆，由垂耳瘤牛驯化而来。根据奶牛基因的检测结果，在过去4000年里非洲、西亚的黄牛一直混杂着瘤牛的基因。[1]

苏美尔文献中常用"anše"一词泛指驴，但其具体品种却含混不清。目前学界普遍认为"anše-edinna"是指"沙漠上的野驴"，即亚洲野驴。但日本学者前川（Maekawa）认为，anše-edinna特指"叙利亚野驴（Syrian onager）"。他在论著中还提到了与anše有关的词汇，字面意思为"黄色的驴"（ass of yellow colour）[2]。而"黄色的驴"这种语言表述方式，与印度–伊朗（Indo-Iranian）语及突厥–蒙古（Turko-Mongolic）语中对野驴的描述十分相似，即指野驴的颜色"介于家马与家驴之间"。

近年来，动物考古学家吉尔·韦伯（Jill Weber）在叙利亚乌姆玛纳（Umm el-Marra）遗址发掘出疑似杂交驴的

---

[1] [美]格雷戈里·柯克伦、亨利·哈本丁著，彭李菁译：《一万年的爆发——文明如何加速人类进化》，北京：中信出版集团，2017年，第38—39页。

[2] K. Maekawa, The Donkey and the Persian Onager in Late Third Millennium B. C. Mesopotamia and Syria: A Rethinking, *Journal of West Asian Archaeology*, No. 7, 2006, pp.1-19.

马科动物遗骨。法国科学研究中心（CNRS）、芝加哥大学（University of Chicago）、格罗宁根大学（University of Groningen）等机构对其进行基因组分析后发现，这是一种家驴与叙利亚野驴（hemippe）或波斯野驴（onager）的杂交种，年代约为公元前2500年。伊娃·玛利亚·盖格尔（Eva-Maria Geigl）认为，乌姆玛纳发现的杂交驴可能是苏美尔文献记载的 kúnga 或 kúnga-níta。北卡罗来纳大学（North Carolina State University）人类学者本杰明·阿巴克尔（Benjamin Arbuckle）认为，"乌姆玛纳驴"是人类有意培育并驯化的杂交种，需要专人持续捕获、饲养与配种野驴，并负责延续种群存在。杂交种虽不具备生育能力，但具有良好的服从性与奔跑能力，因此被精心训练，以供"精英阶层"驱使。这也暗示着早期国家形成过程中，阶层的社会分化与劳动分工的差异。[1]

阶层的社会分化必将导致冲突，而国家的形成是调控冲突的一种举措。从历史经验来看，统治一个庞大帝国的先决

---

[1] Silvia Guimaraes, Benjamin S. Arbuckle et al., Ancient DNA Shows Domestic Horses Were Introduced in the Southern Caucasus and Anatolia during the Bronze Age, *Science Advances*, 16, Sep. 2020, Vol 6, Issue 38, DOI: 10.1126/sciadv.abb0030.

条件有两个:(1)建立快速高效的信息传递渠道;(2)依靠家养役畜提供有效的交通运输方式。从苏美尔至阿卡德时期,最快的货物运输工具就是驴车,每日的运输里程数基本保持在 30 千米以内。❶ 在美索不达米亚地区的主要交通路线上,每隔 15 千米会有一处驿站或旅店,商旅在此吃饭、睡觉和补给,并更换新的驴、骡驮畜。乌尔第三王朝的泥板文书显示,每个城镇和驿站都有专门的驴牧人员,他们及其家属会得到定量的食物供应。在基什(Kish)出土的阿卡德(Akkadia)时期(公元前 2352—前 2200 年)的印章上,清晰的显示出驴牧的职责。阿卡德帝国幅员辽阔,但由于驴车的速度有限,帝国的交通运输十分缓慢,进而限制了各城邦之间的交流。帝国越大,其边疆地区就愈加难以控制,其治理难度与治理成本均会增加❷。

到古巴比伦时期(公元前 1900—前 1600 年),美索不达米亚已发展出完整的邮政系统,信件由驴车负责派送。20 世纪 30 年代,法国考古学家在幼发拉底河西岸叙利亚

---

❶ [英] 保罗·克里瓦切克著,陈沅译:《巴比伦:美索不达米亚和文明的诞生》,北京:社会科学文献出版社,2020 年,第 169 页。

❷ [美] 芭芭拉·A. 萨默维尔著,李红燕译:《古代美索不达米亚诸帝国》,北京:商务印书馆,2017 年,第 37 页。

图 3.6-1

基什出土阿卡德印章"骑驴的王者"

（公元前 2352 – 前 2200 年）

图 3.6-2　阿巴卡拉（Abbakalla）舒辛王（Shu-Sin）的动物供应者印章（陈熙泞重描）

境内的马里（Mari）古城，发现了 2 万余件泥板文书，均由阿卡德语（Akkadian）写成，可以确定为马里王国的宫廷档案。❶ 根据文书内容可知，古巴比伦统治者汉谟拉比

---

❶ ［美］埃里克·H. 克莱因著，贾磊译：《文明的崩塌：公元前 1177 年的地中海世界》，北京：中信出版集团，2019 年，第 31 页。

图 3.7

哈法捷赫遗址出土彩绘陶罐上的马车

（引自 John Curtis, 2012）

（Hammurabi）写给马里国王兹姆利里姆（Zimri-Lim）的信件，全部由专门的驴车运送。❶

美索不达米亚早期城邦的庆典仪式上，也会出现驴车的身影。在哈法捷赫（Khafajeh）遗址出土的一件彩陶罐表面，绘有国王乘坐四轮驴车出行的场景，画面中还出现了山羊、飞鸟和演奏者，年代为公元前2800—前2600年。另一件古巴比伦时期的黑赤铁矿滚印，描绘着一场节日庆典：四

---

❶ ［英］保罗·克里瓦切克著，陈沆译：《巴比伦：美索不达米亚和文明的诞生》，北京：社会科学文献出版社，2020年，第222页。

第三章　驴车邦国　067

头驴牵引一辆车前行，驴身披着精美的纺织品，王者端坐车中，前方是奏乐的随从和舞蹈的公牛。❶

到了赫梯（Hatti）时代，轻型马车作为战车开始大规模使用，驴战车的地位日渐衰落。至苏皮鲁流玛（Suppiluliuma）在位时期（公元前1344—前1333年），赫梯王国的势力达到顶峰，各类马车疾驰于帝国的中心与边疆之间，驴车彻底告别了政治，远离了铁与血的沙场，沦为普通劳动者家中的一员❷。

二、驴与王权

苏美尔时期，美索不达米亚饲养了大量的家驴。据出土文献记载，家驴可分为大型驴、小型驴两类：（1）小型母驴称 dúsu，小型公驴称 dusú-níta；（2）大型母驴称 kúnga，大型公驴称 kúnga-níta。家驴主要用于耕田、拉车、驮运等生产活动。苏美尔人对驴的管理十分专业，公驴与母驴由专人

---

❶ John Curtis, Nigel Tallis, with the Assistance of Astrid Johansen, *The Horse: From Arabia to Royal Ascot*, London: British Museum Press, 2012, p.18.

❷ Pita Kelekna, *The Horse in Human History*, Cambridge: Cambridge University Press, 2009, p.42.

图 3.8　美索不达米亚出土骑驴武士陶片（引自 John Curtis, 2012）

分工放牧[1]。《撒母耳记（上）》（*Samuel i*）载：先知警告世人："又必取你们的仆人婢女、健壮的少年和你们的驴，供他差役。"[2] 根据泰罗（Tyre）城出土的陶片铭文，学界统计出当地家驴、犁具及耕地面积的数据，年代约为公元前2330年[3]。至古巴比伦时代，驴还负责牵引底格里斯河、幼

---

[1]［法］乔治·鲁著，李海峰、陈丽艳译：《两河文明三千年》，郑州：大象出版社，2022年，第60页。

[2]［英］保罗·克里瓦切克著，陈沇译：《巴比伦：美索不达米亚和文明的诞生》，北京：社会科学文献出版社，2020年，第127页。

[3]［美］布莱恩·费根著，袁媛译：《考古学与史前文明》，北京：中信出版集团，2020年，第355页。

图 3.9　古巴比伦时期黑赤铁矿滚印中的驴车（引自 John Curtis, 2012）

发拉底河中的舟船、木筏和皮筏[1]。皮筏有羊皮筏、驴皮筏；拆散的皮筏和木筏，再由驴驮回上游渡口[2]。

由于家驴在美索不达米亚社会的重要性，任何关于驴的不当税收都会引起社会动荡。据出土于伊拉克南部的《乌鲁卡基那（Urukagina）铭文》记载：公元前2384—前2378年，乌尔的统治者卢伽尔安达（Lugalanda）因对百姓饲养家驴课以重税、滥用神庙之驴为私人菜园劳作，导致拉格什城邦

---

[1] ［英］莱昂纳德·W. 金著，史孝文译：《古代巴比伦：从王权建立到波斯征服》，北京：北京理工大学出版社，2020年，第173—180页。

[2] ［古希腊］色诺芬著，崔金戎译：《长征记》，北京：商务印书馆，2019年，第87页。

（Lagash City-state）爆发大规模骚乱[1]。最终乌鲁卡基那上台执政，推行了人类历史上的第一次政治改革——"乌鲁卡基那改革"。因此，历史学家称其为"一场由毛驴引发的革命"。

公元前三千纪，家马偶尔会随游牧、半游牧人群进入美索不达米亚，但家驴仍是美索不达米亚陆路运输的主要驮畜。在美索不达米亚人看来，马只是一种特殊的驴，并将其视为"来自异域山区的驴"[2]，而驴仍然享有崇高的地位。在现代牧业社会中，驴的地位十分低下，甚至排在绵羊、山羊等小型牲畜之后，常被戏称为"老人与小孩的家畜"。事实上，在人类文明早期，驴的地位十分崇高，甚至略显神圣。例如在埃及西奈（Sinai）半岛南部塞拉比特·卡德姆（Serabit el-Kadem）发现的石碑上，出现了"高级人物"骑驴的艺术形象。学界早已注意到动物在历史上的重要意义，特别是将动物视为文化象征（cultural symbolism）的建构，来彰显政治权力和意识形态，尤其是在政治与外交层面[3]。

---

[1] S. N. Kramer, *The Sumerians: Their History, Culture, and Character*, Chicago: University of Chicago Press, 1971, pp.79-83.

[2] Edward Shaughnessy, Historical Perspectives on the Introduction of the Chariot into China, *Harvard Journal of Asiatic Studies* 1988(48), p.211.

[3] 陈怀宇：《历史学的"动物转向"与"后人类史学"》，《史学集刊》2019年第1期，第59—64页。

据泥板文书记载,马里(Mari)王国曾发生过一场有关驴、马的政治风波。国王兹姆利里姆(Zimri-Lim)打算视察治下的阿卡德城邦,而群臣却为出行方式争论不休。有人建议乘坐马车,另一些人则认为应遵循传统——骑驴出行。这一时期,随着欧亚草原人群波浪式的南下,马匹已开始进入美索不达米亚腹地,但传统贵族对初来乍到的家马仍抱有敌视态度。马里国王因骑马而遭到群臣讥讽,他们甚至认为国王骑在一头大汗淋漓、嘶鸣不已的"异邦怪畜"背上,有失王者风范。大臣们甚至进谏道:"您是哈纳特人(Haneans)的王,也是阿卡德人的王。请您不要骑马,而是乘坐(驴)战车或库达努骡车,以示对王权的尊重。"[1]

遗憾的是,上述楔形泥板未能保留下马里国王最后的决定,但有一点十分清晰——在美索不达米亚使用驴的历史要比马更久远[2],而骑驴已成为美索不达米亚的一种文化传统。《创世记》提到,德伯拉(Debora)的歌只能对骑"白驴子"

---

[1] [英]保罗·克里瓦切克著,陈沅译:《巴比伦:美索不达米亚和文明的诞生》,北京:社会科学文献出版社,2020年,第149—150页。

[2] Robert Drews, *Early Riders: The Beginnings of Mounted Warfare in Asia and Europe*, New York: Routledge/ Francis and Taylor, 2004, p.48.

的权贵吟唱。政治仪式是政治权力的一种表达，骑驴可以理解为美索不达米亚早期政权的一种符号性和仪式性的行为。至于"王者风范"，美索不达米亚人有自己的理解。在一篇歌颂乌尔第三王朝（Third Dynasty of Ur）统治者舒尔吉（Šulgi）的诗中写道："舒尔吉像孩童一般从尼普尔返回乌尔……像一头荒漠野驴疾驰飞奔……"[1]

在早期美索不达米亚，驴曾作为坐骑出现于贵族武士阶层的墓葬中。这一现象也暗示：在马匹传入之前，美索不达米亚曾存在一定数量的驴骑士。在歌颂吉尔伽美什（Gilgamesh）的诗篇《吉尔伽美什与阿伽》（*Gilgamesh and Agga*）第 27 行中，曾提及"乘驴的骑士"[2]，说明美索不达米亚确有骑驴作战的武士，这与考古发现可相互佐证。当时的骑手如何骑驴作战？根据一件公元前 2000 年—前 1750 年的陶片显示，驴颈周围有一个项圈，背部不见鞍毯或鞍鞯，腹部周围有一条宽带，供骑士单手紧握。骑者坐在驴背靠后的位置，单手握住连接鼻环的缰绳。这种骑驴方式非常符合

---

[1] ［英］保罗·克里瓦切克著，陈沅译：《巴比伦：美索不达米亚和文明的诞生》，北京：社会科学文献出版社，2020 年，第 198 页。

[2] 佚名著，赵乐甡译：《吉尔伽美什》，南京：译林出版社，2018 年，第 145 页。

驴的生理结构——与马不同，驴的前肢和颈部力量较为薄弱，限制了乘骑功能的进一步发展。宋代学者罗愿著《尔雅翼》对骡、驴、马的生理力学结构有所概括："马力在前膊，驴力在后髀，骡力在腰，骑乘者随其力所在而进退之。"[1] 马的主要力量在前肩，驴的主要力量在后腿，而骡子的主要力量在腰，所以骑驴者的重心必然在驴身的后侧。

法国学者乔治·鲁（Georges Roux）指出，在家马与骆驼传入美索不达米亚之前，两河流域还存在着许多骑驴牧羊的游牧或半游牧人群，他们在托罗斯山、扎格罗斯山以及黎巴嫩之间的草原上游牧，学界称其为"闪米特人"（Semites）[2]。一般认为，亚述人、阿拉米亚人和希伯来人的族源都与"闪米特人"有关。阿卡德语（巴比伦语和亚述语）、迦南语、阿拉米语、阿拉伯语、希伯来语以及埃塞俄比亚语等，都属于"闪米特语"（Semitic）的分支。

驴也是奉献神庙的重要牲畜。乌尔第三王朝（公元前2111—前2004年）舒尔吉（Šulgi，公元前2093—2046年）

---

[1] 罗愿撰，石云孙点校：《尔雅翼》，合肥：黄山书社，1991年，第236页。

[2] ［法］乔治·鲁著，李海峰、陈丽艳译：《两河文明三千年》，郑州：大象出版社，2022年，第60页。

在位时期，苏美尔人在德莱海姆（Drehem）贡牲场设立了专门管理牛、驴的书吏。据楔形泥板记载：神庙大总管曾从卢伽勒美兰（Lugal-me-lám）处，一次接管了51头小型驴，其中包括老驴和1—3岁的驴驹。另一份泥板记载：神庙大总管从卢伽勒美兰处接管了9头驴，其中8头成年驴，1头驴驹[1]。

在古代美索不达米亚，女医神古拉（Azugallatu）的象征是一只神犬，因此古拉神庙内饲养着大量的家犬。据乌尔第三王朝出土的账目显示，祭司每天要向庙内的家犬投喂一头家驴[2]。在加沙地带（The Gaza Strip）的特尔哈勒（Tel Haror）遗址，曾发现一座著名的"家驴之墓"，年代为公元前1700—前1550年。墓葬位于一座神庙的地基处，墓室中安葬着1头4岁的公驴。出土时，公驴左侧卧于地面，四肢蜷曲，上下颌间还保存着安装缰绳的铜环，肋骨两侧可见挂载货物的铜带扣。根据动物考古分析，这头驴生前营养状况

---

[1] 王爱萍：《乌尔第三王朝贡牲中心牛驴管理书吏卢旮勒美兰和牛吏卢旮勒海旮勒的档案重建》，东北师范大学2013年硕士学位论文，第25、37页。

[2] 吴宇虹：《两河流域楔形文字文献中的狂犬和狂犬病》，《古代文明》2009年第4期，第35—47页。

良好，并未驮载过任何重物，甚至其牙齿上也未见嚼环的磨痕。这一现象表明，这头驴是被仪式性的安葬于此，具有神圣的宗教含义❶。在黎凡特（Levant）北部的特尔布拉克（Tel Brak）遗址，家驴被埋葬于祭祀"平原之神"苏姆甘（Sumugan）的神殿中——在苏美尔神话《恩基和世界秩序》(Enki and the World Order)中，恩基（Enki）曾将平原动物的生命托付于苏姆甘。

公元前1800—前700年，美索不达米亚进入亚述时代。随着加喜特（Kassite）王朝的建立，马逐渐成为美索不达米亚地区的战车牵引工具❷。亚述时期的一个重大变化就是步兵与马拉战车协同作战，逐渐替代原有的四轮驴战车，成为军事扩张的新趋势。公元前1200年之后的200年间，地中海东岸出现了大面积的异常干热现象，降水量比之前减少了20%，平均气温上升了2—3℃，欧亚草原的游牧及半游牧人群被迫再度南下。面对来自欧亚草原的军事压力，标枪、石弹已显得捉襟见肘。亚述人开始使用由木材、牛角片

---

❶ ［英］布莱恩·费根著，刘诗君译：《亲密关系——动物如何塑造人类历史》，杭州：浙江大学出版社，2019年，第134页。

❷ ［英］莱昂纳德·W. 金著，史孝文译：《古代巴比伦：从王权建立到波斯征服》，北京：北京理工大学出版社，2020年，第264页。

及筋腱制造的复合弓。这种武器杀伤力惊人，能穿透马铠和被甲骑士，适合在干旱地区使用。马拉战车也演化出更多功能——除驭手外，车上还配备射手、持盾甲士，以及携带长矛、短剑及战斧的武士。

亚述时期，家驴仍是亚述各城邦的主要贡品之一。据出土铭文记载，在亚述王图库尔蒂-尼努尔塔二世（Tukulti-Ninurta II）统治时期（公元前891—前884年），美索不达米亚城邦欣达奴（Hindanu）曾进献了30头驴、30峰骆驼、50头牛、200只羊，以及1塔兰特（talentum）的没药（myrrh）[1]。

三、驴与文学

自苏美尔时代开始，驴就是诗歌、神话中不可或缺的角色。在美索不达米亚民间文学中，驴常被描述成愚蠢倔强的动物。如《舒如帕克箴言》（*Instructions of Shuruppak*）中，语言学家释读出大量与驴有关的表述，例如"毛驴爱吃窝边草""驴儿跑得慢，却爱大声喊""农忙不买驴，以后跑断

---

[1] Daniel D. Luckenbill, *Ancient Records of Assyria and Babylonia*, Chicago: University of Chicago Press, 1926, p.130.

腿""歪脖驴不干正事"等。一个苏美尔人对另一个人最恶毒的诅咒，就是"愿你食柏油和松脂，饮驴尿"。❶在巴比伦民间故事《阿伊卡（Ahiqar）的智慧》中，记录了一段有关驴的名言："一头驴因恐惧狮子而甩掉负重，它将受到同伴羞辱。更可怕的是，它的负重不会减轻，而是与一头骆驼的载荷相当。"这种对驴的讽刺一直延续到公元前2世纪的犹太经典《传理书》（*Wisdom of Sirach*）："把草料、皮鞭和重物给驴子；把面包、纪律和劳动给仆人。"❷

在苏美尔史诗中，野驴常被描述成神的坐骑。克莱默（S.N.Kramer）认为："史诗是一种叙事诗，虽然常有神或神化的怪物以这样或那样的方式参与活动，但主要人物是人或半人半神的英雄。"❸在《吉尔伽美什》中，许多情节涉及驴、骡的内容。完整的《吉尔伽美什》史诗应有3000余行，但其中约500行已遗失。在现存《吉尔伽美什》史诗第6块泥

---

❶ ［美］戴尔·布朗主编，王淑芳译：《苏美尔——伊甸园的城市》，北京：华夏出版社，2004年，第161页。

❷ ［美］A. T. 奥姆斯特德著，李铁匠、顾国梅译：《波斯帝国史》，上海：上海三联书店，2017年，第395页。

❸ 拱玉书：《升起来吧！像太阳一样——解析苏美尔史诗〈恩美卡与阿拉塔之王〉》，北京：昆仑出版社，2006年，第28页。

板的第 18—21 行，提到对驴、骡大规模繁殖的强烈愿望：

> 你的山羊将一胎三仔，你的绵羊将产羔成双，
> 你那驮载的驴子将比骡子更强壮有力，
> 战车上的牲畜膘肥体壮，
> 你那带轭的（牛）定是无比健壮。[1]

《吉尔伽美什》史诗第 8 块泥板，第 1—4 行记述了恩奇都（Enkidu）的身世[2]：

> 在（黎明之光）里，
> 吉尔伽美什对好友（说道）：
> 恩奇都啊，你的羚羊母亲，
> 和（你的驴子父亲）生了你，

《吉尔伽美什》史诗第 6 块泥板，第 10—13 行描述了

---

[1] 佚名著，赵乐甡译：《吉尔伽美什》，南京：译林出版社，2018 年，第 42—43 页。

[2] 佚名著，赵乐甡译：《吉尔伽美什》，南京：译林出版社，2018 年，第 58 页。

骡子牵引战车的情形：

> 为你装起宝石和黄金的战车，
> 黄金做车轮，（青铜）做鸣笛，
> 为你套上风暴精灵的大骡子，
> 请到我们那杉树幽香的家里。

另外，《吉尔伽美什》中有一段吉尔伽美什讨伐基什（Kish）国王阿伽（Aga）的誓师词，其中也有一段关于驴的比喻：

> 恪尽职守，坚定不移，护卫王者
> ——就像擒住驴的后腿那样
> ——舍我其谁？[1]

在《恩美卡与阿拉塔之王》(Enmerkar and the Lord of Aratta)中，传递信件的使者被描述为"像强壮的驴一样奔

---

[1] ［英］保罗·克里瓦切克著，陈沅译：《巴比伦：美索不达米亚和文明的诞生》，北京：社会科学文献出版社，2020 年，第 64 页。

跑,发出挣脱绳索的嘶鸣""疾驰如电,恰如旷野中飞奔的野驴"。在《舒尔吉赞美诗》(*A Praise Poem of Shulgi*)中,舒尔吉被比作"道路上最快的健骡""如野驴般飞奔"。由此可见,苏美尔神话体系中对野驴的赞美。

在另一篇巴比伦时期的神话《伊什妲尔下冥府》中,提到家驴与生育的关系。如第76—78行,提到世间万物不再繁衍生息的混乱景象:

> 牡牛不挑逗牝牛,
> (牡驴不让牝驴怀孕),
> 在街上(男人)(不让)女人(怀孕)❶。

伊什妲尔(Ishtar),苏美尔人称作"伊南娜"(Inanna),是美索不达米亚神话中掌管爱与美的女神,象征着生育和丰产。目前考古发现的《伊什妲尔下冥府》,以阿卡德语泥板最为完整。根据版本的不同,又分为尼尼微板、亚述板两种。《伊什妲尔下冥府》讲述了女神伊什妲尔赴冥府畅游,导致

---

❶ 佚名著,赵乐甡译:《吉尔伽美什》,南京:译林出版社,2018年,第288页。

世间万物俱寂、不得繁衍的末世情景。最后神依靠咒语，使伊什妲尔重返人间的故事。语言学家推测，《伊什妲尔下冥府》很可能是美索不达米亚人早春祭祀仪式上的颂词，而牡驴正是万物繁衍生息的重要象征。

在亚述板（S）《阿特拉·哈西斯》（Atra-Hasis）神话第三栏第15—16行提到了野驴，如描述世界末日大洪水的场景："（洪水）如公牛般咆哮，嘶鸣像野驴（一般）。"[1] 而在亚述板（四）《阿特拉·哈西斯》第5—6行中："阿达德乘上（他的）驴子，即四种风：南风、北风、东风、西风。"[2]

另一方面，驴在早期犹太文化中扮演着救世、谦卑的角色。《旧约》提到，叙利亚国王曾率领大军包围耶路撒冷，城中粮尽，以色列人只能以"驴头"和"鸽粪"为食[3]。《撒母耳记》记载："先知撒迦利亚预言，以色列未来的王不会骑马，而是骑着驴谦卑而至。"驴象征着尊严，白色代表圣

---

[1] 佚名著，赵乐甡译：《吉尔伽美什》，南京：译林出版社，2018年，第266页。

[2] 佚名著，赵乐甡译：《吉尔伽美什》，南京：译林出版社，2018年，第281页。

[3] [美] 戴尔·布朗著，王淑芳等译：《安纳托利亚——文化繁盛之地》，北京：华夏出版社，2002年，第41页。

洁。在《士师记》（*Judges*）中，女先知狄波拉（Deborah）要求士师们："无论是骑白驴的，或是坐绣花毯子的，都要赞美他们。"在基督教文化中，耶稣正是骑着驴进入圣城耶路撒冷的。

除了宗教类文献外，美索不达米亚的法律文献中也有关于驴的条令。这些律法的基本准则非常简明——国家的职责是伸张正义，保护弱者不受强者伤害。家驴被美索不达米亚人视为重要财产，受到法律的严格保护。

苏美尔城邦温马（Umma）出土了一件乌尔第三王朝时期的泥板文书，记录了一则有关家驴的判决结果[1]：

> 从库库（Ku-ku）的两头成年母驴中，阿古阿（A-gu-a）牵了一头去耕地。卢丁吉尔腊（Lú-dingir-ra）、舒库布姆（Šu-ku-bu-um）和舒拉隆（Šu-la-lum）掌管此驴。卢丁吉尔腊起誓证明。因此，阿古阿应赔偿两头驴(?)丁吉尔苏卡勒（Dingir-sukkal）是王家信使。旮尔沙那（Gar-ša-na-ka）城公民的最终裁决。阿马尔辛

---

[1] 刘昌玉、吴宇虹：《乌尔第三王朝温马地区法庭判案文件译注与简析》，《古代文明》2011年第4期，第2—9页。

（Amar-Suen）二年。

成文于古巴比伦时期（约公元前 1776 年）的《汉谟拉比法典》（*The Code of Hammurabi*）规定：

（1）如果一个人偷了一头驴——如果它属于神或者王宫，要按原价的 30 倍赔偿；如果它属于平民，则按 10 倍（价格）赔偿；如果窃贼无力赔偿，他应被处死。❶

（2）被雇佣的驴若在雇佣期间受到损失或虐待，驴主人可以向雇佣者提出赔偿要求；若被雇佣的驴因自然因素（雷击、野兽袭击等）死亡，则雇佣者不必承担责任。❷

赫梯（Hittite）本是古代安纳托利亚的小城邦，因统治者善于利用军事、政治、外交、经济等多种手段，最终

---

❶ ［美］芭芭拉·A. 萨默维尔著，李红燕译：《古代美索不达米亚诸帝国》，北京：商务印书馆，2017 年，第 50 页。

❷ ［英］莱昂纳德·W. 金著，史孝文译：《古代巴比伦：从王权建立到波斯征服》，北京：北京理工大学出版社，2020 年，第 170 页。

建立起一个强大的帝国[1]。赫梯帝国的重要特征就是法律森严，尤以《赫梯法典》（*Hittite Law*）最具代表性[2]。在现存的《赫梯法典》中，有大量涉及驴、骡的内容，用以保护赫梯人（Hethiter）的合法财产[3]：

（1）若任何人偷窃1头牛、1匹马、1头骡或者1头驴，它的主人辨认出它，可全部带走。此外，盗窃者需2倍赔偿，并以房屋抵押。（第70条）

（2）若任何人发现1头牛，或1匹马，或1头骡，或1头驴，他应驱赶至国王之处。若他在乡间发现，应将它向长老们展示。他应套上它。当它的主人发现了它，他将完好地把它带回。但是，他不应将发现者视作贼扣留。但若［他未］把它向长老展示，他将被视为贼。（第71条）

（3）若任何人套住1头牛，或1匹马，或1头骡，或

---

[1] 李政:《论赫梯帝国的建立和巩固》,《古代文明》2020年第4期，第22—31页。

[2] 李政:《〈赫梯法典〉译注》,《古代文明》2009年第4期，第16—34页。

[3] W. W. Hallo, *The Context of Scripture: Monumental Inscriptions from the Biblical World*, Leiden: Birll, 2000, pp.106-119.

1头驴,而且它死了,或被一匹狼吞食了,或者失踪了,他应赔偿一头。如果他说:"它死于神灵之手。"他要为此发誓。(第75条)

(4)若任何人征用1头牛,或1匹马,或1头骡,或1头驴,而且它死在了他的地方,他应把它带来并支付租金。(第76条)

(5)若它是1匹挽马,它的价格是20舍客勒银,1头驴的价格是40舍客勒银,1匹马的价格是14舍客勒银,1匹1岁马驹的价格是10舍客勒银,1匹1岁小牝马的价格是15舍客勒银。(第180条)

(6)若某人租用1匹马、1头骡或1头驴,他每月要支付1舍客勒银。(第152条)

(7)若1个男子与1匹马或1头驴兽交,不构成犯罪。但他不能接近国王,也不能成为祭司。(第200条)

考古发现也证实了家驴对赫梯人的重要性。例如赫梯时期的土坑墓葬中,常见完整的家驴随葬。它们并非单纯的殉牲,而与墓主人生前的世俗生活息息相关,这与《赫梯法典》中所提到的法律条例可相互佐证。另外,赫梯人还将家驴作为巫术医疗的祭牲,通过仪式来替代、承受患者的病痛[1]。在对外扩张的军事行动中,赫梯的家驴也会背负粮草,往返于前线与军事要塞间。

---

[1] [澳]特雷弗·布赖斯著,蒋家瑜译:《安纳托利亚勇士——赫梯人简史》,北京:商务印书馆,2022年,第105、125、182页。

第 四 章

远 征 的 驴 队

一、亚述商团

1923年,捷克考古学家赫罗兹尼(Hrozny)在土耳其库尔特佩(Kul-Tepe)的一处土丘下,发现了近2.3万块楔形泥板。通过百年来对泥板上文字的解读,学界已确认此处遗址即亚述帝国的一处重要商业中心——卡尼什(Kanesh),阿卡德语称卡鲁姆❶(kârum)。自此,有关亚述帝国重要商

---

❶ [英]布莱恩·费根著,刘诗君译:《亲密关系——动物如何塑造人类历史》,杭州:浙江大学出版社,2019年,第136页。

业中心卡尼什的贸易档案呈现在世人面前，诉说着它昔日的辉煌与传奇。

亚述文明，发源于幼发拉底河和底格里斯河流域的北部，以亚述城作为文化中心。公元前二千纪晚期，美索不达米亚出现了权力真空。埃及因外族入侵无暇东顾，赫梯在巴尔干印欧人群的蹂躏下四分五裂，南方的巴比伦陷入内乱国力日弱，东方伊朗高原的米底及波斯尚未统一。在这一背景下，亚述帝国迅速崛起，成为美索不达米亚的新霸主[1]。

国际学界通过"古亚述文献项目"（OATP）发现，库尔特佩出土的泥板包括契约、信件、账目等诸多内容，提供了亚述商队的贸易信息。著名亚述学者温霍夫（Veenhof）指出，卡尼什使用的楔形文字属于古亚述语（Old Assyrian），其中"ellatum"用以表示亚述的运输驴队，涉及商品类型、机构组织、商团驻地等诸多信息，从而反映出亚述商队的活动情况[2]。从亚述古城到卡尼什的距离约为 1500 千米，骑骡

---

[1] ［俄］泽内达·A. 拉戈津著，吴晓真译：《亚述：从帝国的崛起到尼尼微的沦陷》，北京：商务印书馆，2020 年，第 1—10 页。

[2] K. R. Veenhof, *Aspects of Old Assyrian Trade and Its Terminology*, Leiden: Brill, 1972, pp.1-2.

前行需要50天的路程[1]。在亚述时期，驴与骡组成的"商队先锋"，承担起往来两地的重任。

据记载，亚述人使用一种体型高大、耳朵修长的黑色家驴，古亚述语称emarum sallamum。它们体格高大强壮，性情温顺，数量众多，广泛活跃于从地中海东岸至帕米尔高原的漫漫商路上。动物考古学家认为，亚述黑驴与中世纪法国贵族乘骑的普瓦图（Poitou）驴高度接近，是财富的象征。今天的普瓦图驴主要出产于法国夏朗德省（Charente），体高可达160厘米，浑身覆盖15厘米长的毛，曾广泛作为种驴使用。根据记载，亚述驴队每日的行进速度约为25千米，亚述人称其为"驴速"。色诺芬（Xenophon）《远征记》提到，波斯商队的行进速度与亚述驴队相同。这一传统甚至一直延续到21世纪初——美军在阿富汗山地作战仍大量使用家驴作为后勤补给队，其效率并未超越亚述驴队。

考古发现表明，一头亚述驴的负重约为75千克，货物被安置在一种特制的货筐内。货筐由皮革、粗布及木构架组成。有时驴身上还要捆绑2个羊皮口袋，内装饮水和食物。

---

[1] ［英］理查德·迈尔斯著，金国译：《古代世界——追寻西方文明之源》，北京：社会科学文献出版社，2018年，第52页。

据泥板文书记载，商队中家驴与商贩的数量比约为1∶1。有时还有一些零星的行旅、商贩加入其中。通常情况下，商队中的年轻人位于队伍的最外围，充当向导和警卫，保护队伍的安全。驴与货物位于商队的中心，以免出现货物的损坏和遗失。上述传统，一直保持到19世纪初拿破仑远征埃及。据让·弗朗索瓦·商博良（Jean François Champollion）记载：法军在埃及作战时，拿破仑将驴队与167名考古学家布置在步兵方队的中央，以便重点保护。于是法军士兵常将考古学家戏称为"驴子"。❶

在底格里斯河西岸的阿舒尔（Assur）城，出土过大量亚述时期的锡块成品。锡在当时是一种珍贵的金属资源，主要用以合成锡青铜，铸造货币、兵器、礼器以及艺术品。通过同位素分析可知，上述锡块的原产地在中亚的乌兹别克斯坦与吉尔吉斯斯坦。学界普遍认为，上述锡块正是通过亚述驴队，不断输入至美索不达米亚与安纳托利亚的。据出土文献记载，一支由29头家驴和44人组成的亚述商队，曾携带锡块从伊朗西部札格罗斯山的迪亚拉河（Diyala River）来

---

❶ ［英］布莱恩·费根著，刘海翔、甘露译：《耶鲁古文明发现史》，北京：人民日报出版社，2020年，第10页。

到马里（Mari），途经苏萨（Susa）、德尔（Der）、埃什努那（Eshnunna）、西帕尔（Sippar）等重要城市❶，沿途各地均有亚述商团的货栈，说明美索不达米亚—伊朗—中亚的商路贸易早已程式化、规模化❷。

另外，美索不达米亚地区的毛纺织品，也不断通过贸易向中亚、南西伯利亚地区输送。在俄罗斯图瓦地区阿尔赞（Аржана）1号、2号大墓发现的基里姆（Килим）挂毯，被证明来自美索不达米亚和埃及❸。一般情况下，锡块的利润是100%，而毛纺织品的利润是200%。有学者指出，亚述驴队在中亚与西亚间中转的羊毛、毛纺品与锡的比例为3∶1，而锡的单价是同重量纺织品的5倍。根据阿舒尔城出土的一件泥板记载：一支由34头驴组成的商队共运输了

---

❶ 刘昌玉：《从"上海"到下海——早期两河流域商路初探》，北京：中国社会科学出版社，2019年，第123页。

❷ [丹麦] 莫恩思·特罗勒·拉尔森著，史孝文译：《古代卡尼什：青铜时代安纳托利亚的商业殖民地》，北京：商务印书馆，2021年，第88—123页。

❸ Е. Г. Царева, Килимы ранних кочевников тувы и алтая: к истории сложения и развития килимной техники в евразии, На пути открытия цивилизации. Сборник статей к 80-летию В. И. Сарианиди, Санкт-Петербург: Алетейя, 2010, pp.566-591.

600千克锡和684件纺织品，获得了丰厚的利润。[1]

　　商队对贸易路线的经营，通常是数代人努力的结果。在每一座重要城市，都有特定的商团和补给站。亚述人与当地统治者达成协议，从而为商业贸易提供便利。据史料推测，一支由300头驴和300名商人组成的商队，一天大概需要消耗6吨淡水，对于干旱地区的补给站来说，其消耗量十分惊人。在阿舒尔城，购买一头家驴需要花费16—17谢克尔（shekels）白银，购买鞍具、驮筐还需支付约3—4谢克尔白银。至新巴比伦时期，一头家驴的价格已上涨至30谢克尔白银[2]。家驴的食物主要是干草，偶尔可以在沿途吃到一些青草，但如果是有主人的牧场，商队还需向牧场主支付额外的饲料费。因此，每一次商队的远征都需要考虑驴队的草料是否充足。

---

[1] J. G. Dercksen et al., *Ups and Downs at Kanesh: Chronology, History and Society in Old Assyrian Period*, Leiden: Nederlands Instituut voor Het Nabije Oosten, 2012, pp.54-56.

[2] 家驴的价格在不同时期、不同地区存在差异。在公元前三千纪晚期阿卡德（Akkad）的价格为11—20谢克尔；公元前15世纪努兹（Nuzi）的价格约为6谢克尔；公元前12—前11世纪埃及的价格3—4谢克尔；公元前14世纪乌加里特（Ugarit），驴的价格为10谢克尔。

唯利是图是商人的本性。由于亚述黑驴承担了超负荷的繁重劳动，导致它们的寿命很短。据卡尼什泥板记载，一次长距离的贸易，有时会导致 50%—70% 的家驴死亡。为此，亚述商队还需沿途补充强壮的家驴，其需求量极大。一支商队从美索不达米亚到安纳托利亚的毛利润是 20—30 谢克尔白银，除去人工成本和草料钱，其利润微乎其微。因此，很多时候商队会沿途出售瘦弱的驴，以降低运营成本。著名亚述学家葛叶克·巴加莫维奇（Gojko Barjamovic）指出："一定有人在某些地方大规模养殖毛驴。这种动物价格不便宜，相当于一个女奴的价格。虽然它们没有奔驰车值钱，但也和今天的道奇（Ram）卡车不相上下。可怜的是，人们用恶毒和毁灭性的方式驱赶它们。"[1]

在亚述境内或境外的商团驻地附近，有一定数量的家驴繁殖及训练场（gigamlum）。亚述人掌握着繁殖家驴的秘密，并长期秘而不宣，以至于希腊半岛一度流传着"北风使母驴受孕"的怪论。在公元前 9 世纪的亚述石雕上，考古学家

---

[1] ［英］布莱恩·费根著，刘诗君译：《亲密关系——动物如何塑造人类历史》，杭州：浙江大学出版社，2019 年，第 140 页。

发现了亚述人引导驴、马交配或杂交的浮雕[1]。公驴通常在2岁时接受阉割，以降低驾驭的难度。那些品种优良、身体结实、叫声最响的公驴，还被作为种驴使用。母驴主要用以产奶或繁殖后代，怀孕的母驴通常不用工作。幼驴在1岁后断奶，再经历约2年的调教才能役使。商队会定期补充运输货物的阉驴，而母驴则主要用来繁殖，这也是家驴东传缓慢的原因之一——亚述人通常不役使母驴，因此其他族群难以获得这种珍贵的牲畜。在亚述帝国的很多地区，考古学家发现了专门切割家畜睾丸的骟刀，刀尖呈三角形，刀刃短而锋利，一般由专业兽医操作，它是畜牧经济高度发达的产物。类似骟刀也见于新疆乌鲁木齐萨恩萨伊墓地M33，通长4.8厘米，刀刃为等腰三角形，尖锐，方形短柄，柄部用木片固定，外侧用动物筋与皮革缠绕，年代为公元前一千纪前后[2]。

过去学界认为，苏美尔人很早就大规模培育骡子（perdum），但考古发现并不支持上述结论。卡尼什泥板表明：直至亚述时期，杂交骡才开始规模化出现。亚述人最

---

[1] ［英］埃尔温·哈特利·爱德华兹著，冉文忠译：《马百科全书》，北京：北京科学技术出版社，2020年，第28页。

[2] 新疆文物考古研究所：《新疆萨恩萨依墓地》，北京：文物出版社，2013年，第47页。

早认识到骡子的优势——它们比马耐力更强,擅长游泳和山地行走,对饲料的要求更低。亚述人培育过少量的骡子,但数量不多,价格比家驴昂贵。亚述时期的驿站也饲养骡子,但只允许官方使用,且信使要加倍爱护,不得滥用或伤害。这一时期,骡子主要供大人物乘骑,例如"圣经时代"(biblical times)提到的所罗门王的坐骑——大卫的骡子,而这一传统一直传播到希腊—罗马地区。目前,安纳托利亚地区发现最早的骡骨样本出土于萨迪尔·霍玉克(Çadır Höyük)遗址,年代为公元前1100—前800年,DNA数据显示是一头马骡,其母系与父系遗传信息均可在欧洲铁器时代和罗马时期的马科动物基因组数据库中找到[1]。

二、《变形记》

公元前1700年—前1200年,家驴沿地中海东北岸向西传播至安纳托利亚地区。在小亚细亚半岛奥斯曼卡娅斯(Osmankayasi)墓地出土的家驴骸骨表明,是腓尼基人(Phoenician)和赫梯人(Hittites)将家驴和骡子引入希腊地

---

[1] S. Guimaraes et al., Ancient DNA Shows Domestic Horses Were Introduced in the Southern Caucasus and Anatolia during the Bronze Age, *Science Advances*, 16 September 2020(6): eabb0030.

区的❶。据文献记载，腓尼基商人将驴、骡作为商品大量输送到赫梯及其境外的其他地区，其中仅乌加里特（Ugarit）国王一次就掠夺过400头运输货物的驮驴❷。至少在公元前13世纪，家驴已传播至爱琴海到亚得里亚海一带❸。意大利已知最早的驴骨遗存就来自阿普利亚（Apulia）的库帕·纳维格塔（Coppa Nevigata）遗址❹，此后驴、骡被大量引入欧洲腹地。

现代英语"ass"（驴）一词，源于拉丁语"asinus"。最早使用这一词汇的是罗马剧作家普劳图斯（Plautus）❺。希腊

---

❶ ［日］森本哲郎著，刘敏译：《迦太基启示录——海洋帝国的崛起与灭亡》，重庆：重庆出版社，2020年，第31页。

❷ ［澳］特雷弗·布赖斯著，蒋家瑜译：《安纳托利亚勇士——赫梯人简史》，北京：商务印书馆，2022年，第137—138页。

❸ F. Iacono, E. Borgna et al., Establishing the Middle Sea: The Late Bronze Age of Mediterranean Europe (1700- 900 BC), *Journal of Archaeological Research*, 2022(30), pp.371-445. https://doi.org/10.1007/s10814-021-09165-1.

❹ F. Iacono, *The Archaeology of Late Bronze Age Interaction and Mobility at the Gates of Europe: People, Things and Networks around the Southern Adriatic Sea*, London: Bloomsbury Academic, 2019, p.50.

❺ D. C. Buck, *A Dictionary of Selected Synonyms in the Principal Indo-European Languages*, Chicago: University of Chicago Press, 1949, pp.172-174.

语用"ónos"表示家驴，应源于公元前 1200 年迈锡尼希腊语"o-no"一词。而 ónos 与 ainus，均来自苏美尔语"an.še"或"anšu"，说明"驴"的称谓来自美索不达米亚。公元前 6 世纪初，家驴和骡子的足迹已遍布地中海沿岸，其主要用途仍是运输货物。在一件科林斯（Corinth）风格的骡形陶器背部，可见背着的冰块、杵臼与奶酪。古代地中海居民酷爱冰饮，商人利用家驴良好的耐性，派遣驴队远赴意大利、希腊、黎巴嫩及土耳其的深山中开采冰块，之后放入冰窖储藏，以便在夏日出售❶。

亚历山大大帝之父腓力二世（Philip II of Macedon），向来以善于谈判而著称，其最擅长的策略就是贿赂守城将领——不战而屈人之兵。他的至理名言是"只要一座城门足够大，能让一头驮着黄金的驴子进入，那就没有坚不可摧的城池"❷。这句话后来被美军应用于 2003 年的"伊拉克战争"之中，导致萨达姆的精锐部队——共和国卫队在战争中未能发挥出任何战斗力。

---

❶ ［美］薇姬·莱昂著，贾磊译：《西方古代科学与信仰趣事杂谈》，济南：山东画报出版社，2014 年，第 155 页。

❷ ［英］安东尼·埃福瑞特著，杨彬译：《雅典的胜利——文明的奠基》，北京：中信出版集团，2019 年，第 481 页。

图 4.1　公元前 4 世纪希腊陶瓶上的驴车（引自 R. J. Forbes, 2008）

在古希腊，驴是一个永恒的话题，象征着倔强与滑稽。《伊索寓言》（*Aesop's Fables*）中有大量关于驴的故事，如《驴与驴夫》《驴和哈巴狗》《驴与骡子》等[1]，表明公元前 620—前 564 年的希腊地区已大量普及驴、骡等家畜。据说古希腊著名哲学家斯多噶（Stoicism）学派领袖克利西波斯（Chrysippus），曾在宴会上看到一头驴正在偷吃桌上的无花果，因此放声大笑，最终导致窒息身亡。

---

[1] ［古希腊］伊索著，罗念生等译：《伊索寓言》，北京：人民文学出版社，1981 年，第 82、89、90、125 页。

另一则著名寓言"米达斯的耳朵",则与驴的愚蠢、偏执有关。弗里吉亚(Phrygia)国王米达斯(Midas)因在乐器比赛中偏袒牧神潘(Pan),而被太阳神阿波罗(Apollo)变出驴耳朵。"米达斯的耳朵"因此也被指"不学无术或无法掩饰的愚蠢"。大英博物馆藏有一件"西勒诺斯(Silenus)见米达斯"的古希腊红绘陶罐,年代为公元前480年。故事画面中米达斯长着驴耳朵,端坐于王座上,西勒诺斯立于座前。西勒诺斯是牧神之子,希腊神话中的"山林之神",酒神"狄俄尼索斯"(Dionysus)的养父,嗜酒如命,常以毛驴代步[1]。普鲁塔克(Plutarch)在《道德论丛》(Moralia)中,也以家驴比喻守财奴的愚蠢——"如同毛驴驮柴为主人烧洗澡水一样——弄脏了自己,干净了别人"。

罗马作家阿普列乌斯的著名小说《变形记》(The Metamorphoses),由希腊童话《驴》(The Ass)改编而来,是罗马文学中现存唯一完整的拉丁文小说,成书于公元180—190年[2]。故事中,男主人公的悲惨命运缘于由人变驴开始,"驴

---

[1] [英]珍妮弗·尼尔斯著,朱敏琦译:《在大英博物馆读古希腊》,上海:上海交通大学出版社,2013年,第148页。

[2] [英]莱斯莉·阿德金斯、罗伊·阿德金斯著,张楠等译,张强校:《古代罗马社会生活》,北京:商务印书馆,2017年,第278页。

图 4.2　大英博物馆藏"西勒诺斯见米达斯"陶罐（引自珍妮弗·尼尔斯，2013）

和骡马，除了家庭节日外，任何时候都没有假期"❶。正如卢梭对《变形记》的评价——人生而自由，却无时无刻不生活于枷锁之下，恰如毛驴一样。这部被基督教哲学家圣奥

---

❶ [古罗马] M. P. 加图著，马香雪、王阁森译:《农业志》，北京：商务印书馆，2013 年，第 62 页。

第四章　远征的驴队

古斯丁（St. Augustine）称为《金驴记》（*Asinus aureus*）的名著，体现出驴在西方文化中的特殊含义——勤劳、忍耐，却备受歧视的尴尬命运[1]。当然，"小驴"有时也是一种昵称，例如公元 2 年 9 月 23 日罗马帝国皇帝屋大维·奥古斯都（Octavius Augustus）在给其外孙盖乌斯（Gaius）的信中写道："我亲爱的盖乌斯，我最亲爱的小驴。"[2]

饲养马匹需要苛刻的条件，而驴的工作效率十分有限，因此希腊人利用马和驴的特性，培育出适合希腊本土环境的驮畜——骡，因为希腊山地众多，战马发挥不了太多作用。另一个重要原因是马过于昂贵，多数希腊士兵负担不起，毕竟希腊军队作战需要自购装备。希腊人喜欢让骏马与大驴杂交，以培育具有双方优点的杂交骡。由于牝马与公驴间的自然受孕几乎不能实现，所以希腊人有一套专门培育驴骡的技术[3]。在亚里士多德所著《动物志》中，有大量介绍驴、骡

---

[1] Apuleius, *The Golden Ass*, Trans. Sara Ruden, New Haven: Yale University Press, 2011, Book 4, p.69.

[2] ［英］西蒙·蒙蒂菲奥里著，王涛译：《书信中的世界史》，长沙：湖南人民出版社，2020 年，第 77 页。

[3] ［德］赫尔穆特·施耐德著，张巍译：《古希腊罗马技术史》，上海：上海三联书店，2018 年，第 62 页。

习性、育种及疾病的内容，说明希腊人的驴、骡饲养技术十分成熟，如"母马哺育骡驹不宜超过 6 个月"，"骡在易齿后可以通过犬齿判断年龄"，"母驴通常一胎一驹，偶尔也会出现双胞胎"，"母驴白昼或有人时不肯产驹，可牵入隐蔽之处临产"，"驴病中最严重的是'茉里'（malleus）症，一旦蔓延至肺部，驴就会死亡"❶。

在《伊利亚特》中，荷马描述了阿波罗向希腊联军降下瘟疫的场景，骡子不幸成为最早的受害者。四百余年后，亚里士多德对于阿波罗率先攻击骡子的做法十分不解。而现代疾病学家认为，古希腊曾流行过一种人骡共患的瘟热病，希腊人可能遭遇了一场类似的瘟疫❷。

公元前 479 年，在希腊与波斯之间爆发的普拉提亚（Plataia）战役中，波斯骑兵采用迂回策略，成功俘获了一支由 500 头骡子组成的希腊运输队。由此可见，希腊地区一直有使用骡子征战的传统。

---

❶ ［古希腊］亚里士多德著，吴寿彭译：《动物志》，北京：商务印书馆，2019 年，第 302、304、389、605 页。

❷ ［美］戴维·P. 克拉克著，邓峰、张博、李虎译：《病菌、基因与文明——传染病如何影响人类》，北京：中信出版集团，2020 年，第 27 页。

亚历山大大帝的远征，同样得益于骡子的吃苦耐劳。亚历山大行军时，往往队尾会跟随庞大的"移动市场"，他们中一半是商人和同行的希腊公民，依靠驴、骡驮运军需物资与补给。重物或直接固定在驴、骡的背部，或放置于鞍具及驮篮内。在兴都库什的崇山峻岭间，亚历山大的军队沿着陡峭的山道，跟跄而行。骡子在齐膝深的积雪中负重前进，随时可能滑入深渊。"当骡子倒下时，人们争相吞咽死骡的生肉，如同哄抢珍馐佳肴一般。"❶ 亚历山大去世后，他的遗体被装入金棺，由 64 头佩戴金铃铛的骡子运回故乡马其顿安葬❷。《三国志》引鱼豢《魏略·西戎传》提及"驴分王"的称号："其别枝封小国，曰泽散王，曰驴分王，曰且兰王，曰贤督王，曰汜复王，曰于罗王，其余小王国甚多，不能一一详之也。"❸ 据余太山考证，"驴分"一词作 Proporitis，即马其顿的别称❹。

---

❶ ［美］德布拉·斯凯尔顿等著，郭子林译：《亚历山大帝国》，北京：商务印书馆，2015 年，第 52、117 页。

❷ ［美］薇姬·莱昂著，贾磊译：《西方古代科学与信仰趣事杂谈》，济南：山东画报出版社，2014 年，第 297 页。

❸ 《三国志·魏书》，第 865 页。

❹ 余太山：《两汉魏晋南北朝正史西域传要注》，北京：商务印书馆，2013 年，第 344 页。

希腊—罗马时期，人们普遍将驴、骡作为主要畜力——用来拉车、运柴和脱粒。希腊彩陶瓶的纹饰，也常见骡车装载各类货物的画面。古罗马作家加图（Marcus Porcius Cato）在《农业志》（*De Agri Cultura*）中提到："你有多少对牛、骡、驴，就应该有多少辆车。"❶ 在地中海沿岸流行一种打谷橇（dhoukani），由木板制成，上面镶嵌着密集的燧石片，由家驴牵引来碾压谷物，使谷壳与种子脱离❷。

罗马的小农户还会让驴干其他农活，例如牵引收割机（vallus）或拉动石磨（mola asinalis）。此类收割机由一个带轮的漏斗组成，一端开口，宽阔而锋利的刀刃从底部突出，可由一头驴或骡推动前行❸。石磨常见于庞贝城的各处遗址，又称"庞培磨"，由粗糙的火山岩制成，其下圆柱部分（meta）被沙漏形的磨盘（catillus）覆盖，再由套挽具的

---

❶ ［古罗马］M. P. 加图著，马香雪、王阁森译：《农业志》，北京：商务印书馆 2013 年，第 38 页。

❷ J. Bordaz, The Threshing Sledge, *Natural History*, 1965(74), pp.26-29.

❸ ［英］莱斯莉·阿德金斯、罗伊·阿德金斯著，张楠等译，张强校：《古代罗马社会生活》，北京：商务印书馆，2017 年，第 215 页。

驴牵引转动,因此也称作"驴磨"(hourglass millstone)[1]。据佛比斯(Forbes)研究,一座由驴驱动的"庞培磨坊"的输入功率为300W,面粉生产速率约为10—25kg/h[2]。

据《三国志·魏书》"大秦国"条载:"民俗田种五谷,畜乘有马、骡、驴、骆驼。"[3] "大秦国",即罗马帝国。罗马时期的地中海沿岸,分布着大片的葡萄园,能够酿造不同类型的葡萄酒[4]。加图在《农业志》中提到:"面积为100尤格拉姆(iugera)的葡萄园,需要驴夫1人,拉车的驴2头,拉磨的驴1头,驴车轭10个,骑驴覆被毡3块,驮鞍3个,驴磨3个……"[5] 学界认为,希腊—罗马时期的小农户对于家驴更加依赖,因为它们的饲养条件极低——吃得少,干得

---

[1] L. Buffone, S. Lorenzoni, M. Pallara et al., The Millstones of Ancient Pompei: A Petro-archaeometric Study, *European Journal of Mineralogy*, 2003 (1), pp. 207-215.

[2] [加拿大] 瓦茨拉夫·斯米尔著,吴玲玲、李竹译:《能量与文明》,北京:九州出版社,2021年,第171页。

[3] 《三国志·魏书》,第865页。

[4] [英] R. J. 福布斯等著,安忠义译:《西亚、欧洲古代工艺技术研究》,北京:中国人民大学出版社,2008年,第109—111页。

[5] [古罗马] M. P. 加图著,马香雪、王阁森译:《农业志》,北京:商务印书馆 2013年,第12—13页。

多，能为农户带来可观的收入。

罗马时期的骡子还用于牵引渡船。罗马诗人昆图斯·贺拉斯·弗拉库斯（Quitus Horatius Flaccus）在《讽刺诗集》（Satires）中提到，从罗马到布林迪西（Brindisi）的运河上，有骡子负责牵引小舟："船夫与乘客酩酊大醉，争相吹嘘各自不在场的情妇。终于，乘客疲惫不堪，倒头大睡；懒散的船夫将骡子留在岸边，任由它们撒欢吃草，自己则鼾声大作。新的一天即将到来，船只并无出发的迹象；直到一个忍无可忍的乘客跳出船舱，用柳条抽打骡子和船夫，我们最终才在4小时后勉强登岸。"[1] 考古试验证实，骡子牵引客（货）运木船的速度约为 3km/h，而牵引空船的速度是 5km/h。

在罗马，骡子还被用于邮政业务。一般情况下，3 头骡的载重等于一辆货车，但运输成本更低。20 头骡牵引的货物重量相当于 5 头牛的牵引量，而骡车的速度是牛车的 3 倍，因此骡车的运行效率更高、成本更低。德国伊盖勒纪念碑（Igeler Säule）浮雕中，就有一辆罗马时期的骡车驮载货物的场景。罗马帝国的邮政系统（Cursus Publicum）主要采

---

[1] T. A. Buckley, *The Works of Horace*, New York: Harper & Brothers, 1855, p.160.

用骡子驮运行李，还有骡子搭载行人的舆轿（sellae），从而确保帝国政令畅通无阻。在罗马帝国境内，每隔32—48千米就有一座全天开放的驿站（mansion），为旅客提供洗浴和住宿，以及健壮的骡、马和牛；还有一种专门提供更换牲畜的馆驿（mutation），便于信使传递信息❶。2002年，西卡（Sica）等学者对庞贝（Pompeii）古城卡斯蒂阿曼蒂（Casti Amanti）马厩遗址出土的5具马科动物残骸进行了DNA分析，发现其中4头是家驴，1匹是骡子，这与史料记载的驿站基本吻合❷。

在罗马时代，由于缺少马匹，许多骑手练习骑术是从坐木马开始的——这也正是今天大型游乐场中旋转木马的原型。骡的地位介于驴、马之间，很多时候成为马的替代品。像马一样，骡子精神饱满，对于非游牧社会的罗马帝国而言，贵族们更钟爱骑骡出行。罗马作家克鲁美拉（Columella）《论农业》（De Re Rustica）记载，骡的饲养在罗马帝国是一个

---

❶ ［英］莱斯莉·阿德金斯、罗伊·阿德金斯著，张楠等译，张强校：《古代罗马社会生活》，北京：商务印书馆，2017年，第239页。

❷ G. D. Bernardo, U. Galderisi et al., Genetic Characterization of Pompeii and Herculaneum Equidae Buried by Vesuvius in 79 AD, *Journal of Cellular Physiology*, 2004, 199(2), pp.200-205.

庞大的产业[1]。繁殖骡子的母马要身材高大,毛色光亮,能吃苦耐劳。一匹母马在4—10岁时能生产5头骡,妊娠期通常超过1年[2]。由于繁殖较为困难,骡的售价十分昂贵。

据记载,罗马时期的大力士鲁斯提塞利乌斯(Rusticelius)曾轻松举起自己的坐骑——一头骡[3]。古典时期的马术竞赛常有骡参与,此类竞赛不是单纯的赛跑,还包括骑兵交战和车技的比拼,雅典贵族西蒙的骡子曾获得过冠军。大多数骡、马没有蹄铁,而是使用"草鞋"(solea spartea)和"铁头鞋"(solea ferrae)[4]。"草鞋"用韧性较好的织草或其他材料编织而成;"铁头鞋"则是带铁底的套靴,用线绳和皮条固定在骡蹄部。欧洲地区已知最早的蹄铁考古证据,来自凯

---

[1] [英]莱斯莉·阿德金斯、罗伊·阿德金斯著,张楠等译,张强校:《探寻古罗马文明》,北京:商务印书馆,2008年,第309页。

[2] [英]莱斯莉·阿德金斯、罗伊·阿德金斯著,张楠等译,张强校:《古代罗马社会生活》,北京:商务印书馆,2017年,第216页。

[3] [古罗马]普林尼著,李铁匠译:《自然史》,上海:上海三联书店,2018年,第96页。

[4] 所谓"草鞋"和"铁头鞋"最初源自罗马士兵装备的铆钉鞋(caligulae),起源于斯巴达地区,由皮条和铆钉组成,能起到防滑、保护足部的作用。寒冷季节,士兵会穿着厚袜子(udones)。根据史料推测,罗马军团士兵每年平均要消耗3双鞋和50枚铆钉。罗马时期的遗址中最常见的金属器就是此类铆钉。

第四章 远征的驴队

尔特和不列颠地区，当地潮湿的环境会使骡蹄变软破裂，因此需要蹄铁保护。直至公元5世纪，蹄铁才在罗马境内普及。另一个限制马、骡套拉货车的因素是轭的用法。根据考古发现，希腊—罗马的马轭捆绑方式源于牛轭，对骡、驴、马的颈部构成严重伤害，使马科动物不能通过挽具有效牵引车辆。上述学术观点，也被大量罗马时期的浮雕作品所证实[1]。

驮畜的有效性和机动性取决于如何挑选和训练。为此，驯养骡子的牧场主会特意调教小骡子，让其在崎岖的山间锻炼脚力。骡子十分适应山地作战，它们跟随罗马军团南征北战，参与了征讨迦太基人、凯尔特人和日耳曼人的战争。罗马军团以机动性和英勇善战而著称。在环境艰苦的情况下，他们仍能全副武装日行30—40千米，以至于史学家戏称罗马军队为"马略的骡子"（Marius' Mules）。

1987年，德国考古学家在奥斯纳布吕克（Osnabrück）以北发现了著名的"条顿堡森林战役"（Battle of the Teutoburg Forest）遗迹。据历史记载，由普布利乌斯·奎因克提里乌斯·瓦卢斯（Pulius Quinctilius varus）率领的3个罗马军团

---

[1] ［英］莱斯莉·阿德金斯、罗伊·阿德金斯著，张楠等译，张强校：《古代罗马社会生活》，北京：商务印书馆，2017年，第240—241页。

在此遭遇伏击，最终全军覆没。目前当地已出土数万件兵器，以及大量成年男性与骡子的骨骸，印证了罗马军队装备骡子的传统[1]。有学者指出，"条顿堡森林战役"遗迹出土的骡子，可能被用来牵引重型攻城武器——弩炮、抛石机等。在罗马的图拉真石柱（Trajan's Column）上，刻有 2 匹骡子牵引扭力抛石机的图像——由于此类抛石机的弹射动作类似野驴蹬腿，因此也被称为"野驴抛石机"[2]。另外，罗马军团还装备有一种射程达 400 米的重型弩炮，由于体积、重量较大，这类弩炮也由骡子牵引。

另一处罗马时期的要塞遗址位于德国巴伐利亚州（Free State of Bavaria）的维森堡（Weissenburg），考古学家在此发现了 4 具骡子遗骸，年代约为公元 160 年。经鉴定，这些骡骨表面残存有大量家犬啃食的痕迹。在对一头骡子的牙齿进行稳定同位素分析后，学界确定其来自意大利北部的骡驹繁育场。从 8 岁起，这头骡子便在罗马军队服役，参与

---

[1] Peter S. Wells, *The Battle That Stopped Rome: Emperor Augustus, Arminius, and the Slaughter of the Legions in the Teutoburg Forest*, New York, 2003, p.43.

[2] ［德］赫尔穆特·施耐德著，张巍译：《古希腊罗马技术史》，上海：上海三联书店，2018 年，第 52、176 页。

驮运工作，直至生命结束的最后一刻[1]。根据文献推测，每个罗马军团至少配备 1000 匹骡子[2]，平均每 8 名士兵分配 1 头——用来驮载帐篷和食物。在近年的阿富汗战争中，北约军队大量使用西班牙穆尔西亚（Murcia）骡进行山地作战，再次证明了骡子的军事价值。

三、驴 乳

罗马时期，人们开始关注家驴的另一价值——驴乳。驴乳色白，是一种成分复杂的生物液体，奶腥味淡，富含蛋白质、维生素和矿物质。全世界所有家畜乳可分为两大类：第一类是酪蛋白奶，主要由多胃动物生产，如牛奶、羊奶、骆驼奶都是酪蛋白奶；第二类是白蛋白奶，主要由单胃动物生产，如驴奶、马奶，其乳糖含量较高，久置易变酸。从营养成分上分析，驴乳在蛋白质、乳糖等方面更接近人乳，且脂

---

[1] T. E. Berger at al., Life History of a Mule (c.160 A.D.) from the Roman Fort Biriciana(Upper Bavaria) as Revealed by Serial Stable Isotope Analysis of Dental Tissues, *International Journal of Osteoarchaeology*, 2020(1), pp.71–158.

[2] ［英］莱斯莉·阿德金斯、罗伊·阿德金斯著，张楠等译，张强校：《探寻古罗马文明》，北京：商务印书馆，2008 年，第 341 页。

肪含量较低，是一种天然的人乳替代品。另外，驴乳含有高量的溶菌酶，使其微生物含量低于牛奶、羊奶，具有一定的解毒功能。❶

罗马人认为，驴乳有极好的美容效果，能祛除皱纹，使皮肤白嫩光滑❷。据说罗马人对驴乳的钟爱，源自"埃及艳后"克利奥帕特拉七世（Cleopatra VII）。她凭借美貌征服了罗马皇帝尤里乌斯·凯撒（Julius Caesar）和马克·安东尼（Mark Antony）。尽管历史学家普鲁塔克（Plutarch）一再声称："克利奥帕特拉征服强大男性的秘诀并非外貌，而是她的谈吐。"克利奥帕特拉坚信，驴乳是世间最好的护肤品，因此她每天坚持用驴乳沐浴，并为此在后宫庭院养满了母驴。罗马暴君尼禄（Nero）的第二任皇后波佩亚·萨拜娜（Poppaea Sabina），深得克利奥帕特拉的真传——每天早晨坚持用驴乳洗脸 7 次。这一习惯源于她的生长环境——庞贝城的一个富豪家庭，据说家中饲养着 500 头母驴。据罗马史料记载，波佩亚·萨拜娜无论走到哪里，都会带一群母驴随

---

❶ 侯文通：《驴学》，北京：中国农业出版社，2019 年，第 301 页。

❷ ［古罗马］普林尼著，李铁匠译：《自然史》，上海：上海三联书店，2018 年，第 280 页。

图 4.3

大英博物馆藏"克利奥帕特拉七世雕像"残件

（引自珍妮弗·尼尔斯，2013）

行，以便随时能用驴乳洗浴[1]。

在现代地中海沿岸及南欧国家中，仍有四种因驴乳而出名的驴种：（1）阿米阿塔驴（Amiata Donkey），是生产意大利驴乳的主要驴种，传说是皇后波佩亚·萨拜娜最青睐的驴种；（2）科廷丁驴（Cotentin Donkey），其驴乳被用来制作护肤香皂，1997年获得法国农业部认证；（3）米兰达驴（Miranda Donkey），其驴乳成分更接近人乳，被葡萄牙农业

---

[1] ［美］薇姬·莱昂著，贾磊译：《西方古代科学与信仰趣事杂谈》，济南：山东画报出版社，2014年，第198页。

部与欧盟列为保护物种;(4)巴尔干驴,主要出产于塞尔维亚,其乳制品——普乐(Pule)奶酪,被誉为"世界上最昂贵的奶酪",每千克售价为 1000 欧元。在世界其他地区,也有食用驴乳的习俗,例如中国、印度、墨西哥、智利、秘鲁、玻利维亚等。驴乳是一种极好的滋补品,能缓解感冒、哮喘、口腔溃疡等症状,可以辅助治疗肿瘤、肺结核等慢性疾病[1]。

除了美容外,驴乳在罗马时期还是一味良药。在古罗马奈达斯(Cnldus)学派中,驴乳还与瓜的煎剂、白菜、蜂蜜混合成泻药,用以通便排毒。老普林尼(Plinius)曾建议,用驴乳治疗发烧、溃疡、哮喘、便秘,以及缓解铅毒等。在西方,用驴乳解铅毒的做法,一直延续到伊丽莎白时代。自希腊时代以来,西方女性主要使用含碳酸铅($PbCO_3$)的白色扑粉美白,在许多古遗址中都发现过此类剧毒化妆品的残留物。因此,贵族女性用驴乳清洁化妆品的做法,正是巧妙利用了驴乳蛋白与铅的化学反应。

此外,罗马人还开发了一系列与家驴有关的"神奇"药剂,例如:(1)将驴胆汁溶入水中制成面膜,能消除面部色斑;(2)将驴粪烧成灰吞下,能缓解女性哺乳期不适;(3)

---

[1] 侯文通:《驴学》,北京:中国农业出版社,2019 年,第 17—18 页。

服用新鲜的驴粪,能调节内分泌失调;(4)驴脾脏具有催奶的功效❶;(5)驴蹄、猎狗爪、"海椰花"加橄榄油研磨后涂抹头部,能治疗脱发。(6)公驴生殖器烧成灰后混合驴尿涂于患处,可使毛发再生。❷在古代不列颠地区,人们相信驴能治疗百日咳。只要患者从驴的腹部钻过去,咳嗽就会被驴子吸收。由于这种巫术疗法十分流行,许多地方都有专门供病人及其家属租赁的驴❸。

由于公驴有着旺盛的生殖力,希腊—罗马医生还将公驴的生殖器制成催情药❹。据考证,生殖神普利阿普斯(Priapus)的原型就是一只半人半驴的怪物❺。在英格兰南部赛伦塞斯特(Cirencester)出土的罗马时期马赛克壁画中,

---

❶ [意]阿尔图罗·卡斯蒂缪尼著,程之范、甄橙主译:《医学史》,南京:译林出版社,2013年,第165页。

❷ [法]利昂内尔·伊纳尔著,张之简译:《巫术植物》,北京:生活·读书·新知三联书店,2019年,第18页。

❸ [英]莫尼卡-玛丽亚·斯塔佩尔贝里著,高明杨、周正东译:《魔法、节日、动植物——一些奇异文化传统的历史渊源》,上海:上海社会科学院出版社,2020年,第19页。

❹ [古罗马]普林尼著,李铁匠译:《自然史》,上海:上海三联书店,2018年,第280页。

❺ [意]努乔·奥尔迪内著,梁禾译:《驴子的占卜:布鲁诺及关于驴子的哲学》,北京:东方出版社,2005年,第15—18页。

酒神巴克斯（Bacchus）（对应希腊神话中的狄俄尼索斯）斜倚坐于驴背上，驴的生殖器被刻意突出。在希腊神话中，酒神狄俄尼索斯是普利阿普斯的父亲。壁画创作者的意图十分明显——"告诫世人要及时行乐"。而在庞贝城出土的另一幅壁画中，含义正好相反：一头发情的公驴正在攻击一头雄狮——绘画者意在劝诫世人"欲望令人丧失理智"。[1]

今天，西欧许多地区已不见家驴的身影。但在意大利的乡间，却保留着吃驴肉的习俗，其中驴肉饺子、驴肉香肠、驴肉汉堡、焖驴肉等，都是意大利的特色美食[2]。在意大利南部，人们保留着喝驴乳的传统。在意大利语中，有许多与驴相关的俗语，例如用"女人、驴子、山羊都有头"来形容某人的固执。显然，上述与驴有关的文化现象，都带着深深的历史印记。

---

[1] Juliet Clutton-Brock, *Horse Power: A History of the Horse and the Donkey in Human Societies*, Cambridge: Harvard University Press, 1992, p.65.

[2] 周文翰：《不止美食：餐桌上的文化史》，北京：商务印书馆，2020年，第102页。

第 五 章

驴马之争

一、驯化家马

科林·伦福儒（Colin Renfrew）认为，马的驯化是人类社会发展中最伟大的事件之一，人类由此迎来了新的运输与战争方式，出现了社会和政治的重大变革。公元前3500年，哈萨克斯坦北部博泰（Botai）出现了一个小聚落。然而这个看似普通的村落，却是人类历史上最早的家马驯化地之一。

宾夕法尼亚州匹兹堡卡内基自然历史博物馆（Carnegie Museum of Natural History）馆长桑德拉·奥尔森（Sandra

Olsen）认为，在博泰遗址出土的30余万块马骨中，绝大多数体型接近家马，腕骨细长，骨壁薄，以年轻公马居多，死亡年龄多在3—8岁间[1]。对博泰马的齿痕分析表明，其前臼齿前缘有明显的磨损痕迹，牙釉质呈现线性损伤，部分马匹的上颚骨还有骨质增生现象。上述病变部位，正是安装马具、控制马匹行为的重要区域。在博泰出土的陶器内，考古学家还发现了马肉脂肪、马乳脂肪的残留物，说明博泰人不但通过驯养家马获取肉食，还食用马乳及发酵马乳（cosmos或koumiss）[2]。

博泰遗址出土了大量由马颌骨制作的工具，用来加工缰绳、索套、皮鞭与皮条。由此推测，博泰人将索套系于长杆，用于管理马群或捕获猎物。在博泰的房屋遗址中，还残留有圈养马匹的围栏和堆积状的马粪。在一座祭祀坑内，整齐摆放着10具面朝东南的马头骨。在一座墓葬的附近，殉葬有14匹家马，整体呈扇形排列。上述情况表明，家马被

---

[1] John Curtis, Nigel Tallis, with the Assistance of Astrid Johansen, *The Horse: From Arabia to Royal Ascot*, London: British Museum Press, 2012, p.18.

[2] ［英］艾丽丝·罗伯茨著，李文涛译：《驯化：十个物种造就了今天的世界》，兰州：读者出版社，2019年，第274—276页。

大量用于牺牲和殉葬仪式。在与博泰同期的斯勒德尼斯托格（Sredni Stog）、德雷夫卡（Dereivka）遗址中，也出土了大量马骨和殉马。学界普遍认为，殉马行为或与欧亚草原早期人群的太阳崇拜有关。❶

马具的出现，是人类驾驭马匹的重要标志之一。在所有马具中，马衔的作用最为突出，是控制马匹的直接工具。实验考古表明：麻绳、马鬃绳、皮带或骨质马衔等，都能帮助骑手成功控制坐骑150小时左右。当马佩戴马衔后，由于牙齿的咀嚼活动，其下颌骨的第二前臼齿（P2）会出现规律性磨损，此类磨痕有别于野马食草时形成的自然磨损。在博泰遗址中，有少量马头骨存留有类似马衔的磨损痕迹，或与长期使用马衔之类的驭具有关。❷

博泰及同时期的养马人群，主要依靠家马来获取食物（肉、奶）和皮革，少量经过训练的马可用来乘骑和放牧。牧马，是畜牧活动中技术性最强的工作之一，一般由成年男

---

❶ ［英］布莱恩·费根著，刘诗君译：《亲密关系——动物如何塑造人类历史》，杭州：浙江大学出版社，2019年，第153—166页。

❷ David W. Anthony and Dorcas R. Brown, Eneolithic Horse Exploitation in the Eurasian Steppes: Diet, Ritual and Riding, *Antiquity*, 2000, 74(283), pp.75-86.

性承担。鉴于马的挑食性，饲养马匹绝非易事：（1）马喜爱采食鲜嫩禾本科牧草的顶端和草籽，植株要高，且未经其他牲畜踩踏或食用；（2）马喜欢移动性觅食，每天有十几小时是在移动中吃草，偏爱顺风移动，这一特性决定了牧马需要广阔的活动空间；（3）马是群体性动物，常群体觅食，移动的时间和路线规律性强，小马群约在 10 匹左右，由头马带领觅食，牧人必须在骑马状态下管理，以防盗马与狼害。[1]

关于早期家马的驯化过程，学界仍有较大争议[2]。根据最新的分子生物学研究成果，现代家马并非直接来自亚洲的博泰马（Botai-P ferde），而是源于已经灭绝的欧洲野马（Equus ferus ferus）。现代普氏野马（Equus ferus）是重新返野的博泰马的后代。德国马克斯·普朗克人类历史与科学研究所的研究表明：公元前 3000 年前后，来自欧亚草原的早期牧马人曾驱赶大批博泰马进入欧洲，但他们最终选择（或被迫）重新驯服欧洲野马——欧洲野马体内携带鼠疫耶尔森菌（Yersinia pestis）的抗体，而博泰马没有。鼠疫病原体会

---

[1] 张弛：《公元前一千纪新疆伊犁河谷墓葬的考古学研究》，北京：科学出版社，2021 年，第 175—176 页。

[2] ［俄］库兹米娜著，李春长译：《丝绸之路史前史》，北京：科学出版社，2015 年，第 17—22 页。

停留在亚洲马体内,导致牧马人群和博泰马大批死亡[1]。

中亚是马拉战车的故乡。至公元前 2000 年的辛塔什塔—彼得罗夫卡(Sintashta-Petrovka)文化时期,家马的军事作用已日渐凸显。成套的武器装备、带有马具的马及战车,开始批量出现于墓葬和祭祀遗址之中。这一时期的战车均为双轮轻型战车,车轮有凸起的轮毂和 10—12 根辐条,车轮直径 0.9—1.2 米,两轮间距 1.2—1.45 米,轮辋宽 4 厘米,辐条横断面为矩形或方形[2]。由于战马及马拉战车的出现,原活动于欧亚草原和中亚地区的牧马人群(印欧语人群)获得了明显的军事优势,人口过剩的持续压力,加之复合弓和青铜箭镞的大量装备,使得印欧语群体开始向美索不达米亚、小亚细亚、印度河谷扩张,导致古代世界的文明格局发生剧变。

在上述印欧语群体中,对家马驯化贡献最大的是安德罗诺沃(Andronovo)人群。考古资料显示,全世界多数家马

---

[1] [德]约翰内斯·克劳泽、托马斯·特拉佩著,王坤译:《智人之路:基因新证重写六十万年人类史》,北京:现代出版社,2021 年,第 103、104、161、162 页。

[2] [俄]库兹米娜著,邵会秋译:《印度—伊朗人的起源》,上海:上海古籍出版社,2020 年,第 120—121 页。

的祖先可追溯至安德罗诺沃人群培育的三大家马品系：（1）小型马，肩高128—136厘米，为现代蒙古马的祖先；（2）中型马，肩高136—152厘米，体重350千克，分瘦腿、半瘦腿两类，是现代中亚哈萨克马的祖先；（3）大型马，肩高152—160厘米，四肢细长，体态优美，是土库曼斯坦阿哈尔捷金马（Akhal-Teke）的祖先，即我国史籍中记载的"大宛马""汗血马"❶。现代阿拉伯马、英国纯血马等马种，都是由阿哈尔捷金马培育而来。沃尔姆斯（Warmuth）对丝路沿线17个地点的455匹家马DNA进行研究，证明欧亚大陆东部马群的血缘关系与古代欧亚草原的交通路线有关❷。

二、波斯崛起

伊朗，古称波斯，其地理环境十分特殊。北部是由安纳托利亚延伸至阿富汗的厄尔布尔士（Elburz，或Alborz）山脉，形成天然的地理屏障，最高峰达马万德（Damavand）

---

❶ [俄]库兹米娜著，邵会秋译：《印度—伊朗人的起源》，上海：上海古籍出版社，2020年，第164页。

❷ V. M. Warmuth, M. G. Campana et al., Ancient Trade Routes Shaped the Genetic Structure of Horses in Eastern Eurasia, *Mol. Ecol.*, 2022(21), pp.5340-5351.

山位于里海南岸，海拔 5601 米，是整个中东地区的制高点；扎格罗斯（Zagros）山脉位于厄尔布尔士山脉之南，由一系列海拔 4500 米以上的山峰组成，主峰古鲁德（Qohrud）山是伊朗东部沙漠地带与高原的分水岭❶。两大山脉环绕之地即伊朗高原，海拔约 1000—1500 米。伊朗高原的西南边缘，即著名的美索不达米亚平原。

在伊朗卢里斯坦（Luristan）、法尔斯（Fars）的新石器时代遗址中，发现了许多马科动物的遗骸，主要是野驴（Equus hemionus）和野马（Equus ferus），但未见驯化迹象。由此可知，家驴、家马在伊朗高原均为外来物种。希罗多德曾说："波斯人喜爱外国事务甚于其他任何民族。"约公元前 2500 年，家驴已向东传入伊朗西南部，并被当地人群大量饲养。在伊朗安善（Anshan）地区马尔岩遗址（Tal-e Malyan）出土的驴骨，有明显的役使痕迹❷。公元前第二千纪，欧亚草原的自然与人文环境发生改变，大量的畜牧、游

---

❶ ［英］乔弗里·帕克、布兰达·帕克著，刘翔译：《携带黄金鱼子酱的居鲁士——波斯帝国及其遗产》，北京：中国社会科学出版社，2020 年，第 2 页。

❷ M. A. Zeder, The Equid Remains from Tal-e Malyan, Southern Iran, R. H. Meadow, H. P. Uerpmann (Eds.), *Equids in the Ancient World*, Wiesbaden: Ludwig Reichert Verlag, 1986, pp.366-412.

牧、半游牧人群向南迁徙，形成了持续数个世纪的民族大迁徙。大量的印欧语人群进入伊朗高原，并在此繁衍生息，其中最著名的就是米底人（Medes）和波斯人，有关他们历史的准确纪年始于公元前836年❶。根据亚述浮雕的描绘，他们头发卷曲，胡须浓密，身着羊皮大衣，足蹬长皮靴，携带长矛和柳条方盾，常以武士形象出现。

1958年，考古学家罗伯特·戴森（Robert Dyson）在伊朗西北部马利克（Malik）山哈桑鲁（Hasanlu）堡垒清理出大量米底时期的黄金制品，年代为公元前9世纪末—前8世纪初。在其中一件金杯顶端，刻画着3位天神驾驶战车的图像，现藏德黑兰国家考古博物馆（National Museum of Iran）。引人注目的是，其中2辆战车由驴（骡）牵引，1辆战车由公牛牵引，数位祭司立于公牛下方，手执豪麻（Homa）汁，正在祭祀雨神、地神及太阳神❷。而在琐罗亚斯德教经典《阿维斯塔》（Avesta）最古老的章节《亚斯纳·哈普塔尼

---

❶ ［美］A. T. 奥姆斯特德著，李铁匠、顾国梅译：《波斯帝国史》，上海：上海三联书店，2017年，第30页。

❷ ［伊朗］哈比比安拉·阿亚图拉希著，［伊朗］谢米·哈格什那斯英译，王泽壮译：《伊朗艺术史》，长沙：湖南美术出版社，2023年，第69页。

第五章　驴马之争　125

图 5.1　哈桑鲁金杯中的驴战车（笔者重描）

迪》（Yasna Haptanhaiti）中，提到了三条腿的神驴"哈拉"（khara）[1]。在琐罗亚斯德教语境下，驴与马、牛、山羊、绵羊、骆驼等，均属于"善的动物"。

历史上，米底人首领基亚克萨雷斯一世（Cyaxares I）与巴比伦人、斯基泰人（Scythians）结为军事同盟，利用骑兵的骑射优势最终摧毁了亚述帝国，建立了强大的米底

---

[1] ［俄］弗拉基米尔·卢科宁、阿纳托利·伊万诺夫著，关祎译：《波斯艺术》，重庆：重庆大学出版社，2021 年，第 11、18 页。

王国。米底与迦勒底（Chaldaea）、吕底亚（Lydia）和埃及，共同瓜分了整个近东地区。雄心勃勃的吕底亚国王克罗伊斯（Croesus）向太阳神阿波罗祈求神谕，希望自己能征服米底人。阿波罗的使者皮提娅（Pythia）用诗歌向他传递神谕："当骡子成为米底人的王，腿脚发软的吕底亚人会向卵石密布的赫姆斯（Hermus）河逃窜，快跑，快跑，不要为人性的懦弱而羞愧。"克罗伊斯得到暗示后，自认为"骡子永远不会为王"，因此满心欢喜的离去。事实上，神谕所指的"骡子"只是一种暗喻，预示着混血的居鲁士（Cyrus the Great）大帝——其母为米底公主，父亲是波斯贵族[1]。公元前550年，居鲁士率领波斯大军征服米底王国，并于公元前547年毁灭吕底亚。类似的比喻也出现于大流士统治时期，巴比伦城发生了一场反对阿契美尼德王朝的叛乱。巴比伦民众对前来镇压的波斯人嘲讽道："除非骡子能产下马驹，否则波斯人无法攻破巴比伦。"然而最终叛乱被波斯大军镇压，连同毁灭的还有巴比伦城[2]。

---

[1] ［英］安东尼·艾福瑞特，杨彬译：《雅典的胜利——文明的奠基》，北京：中信出版集团，2019年，第53—55页。

[2] ［美］雅各布·阿伯特著，赵秀兰译：《大流士大帝——制度创新与波斯帝国统一》，北京：华文出版社，2018年，第128页。

在民间，波斯人会定期将驴、羊、牛等家畜献祭神庙，以求神灵庇护。献祭的牲畜通常比普通家畜价格昂贵。据记载，1头成年献祭驴的价格在5—10谢克尔（Shekel）白银，约是普通家驴的2倍。为了防止献祭家畜丢失，人们常在驴耳上标记伊什妲尔女神的图像，以证明驴的所有权[1]。《阿维斯塔》规定，琐罗亚斯德教徒行医治病，可以得到相应的报酬："为乡妇治病，报酬是一头驴；为乡长之妇治病，报酬是一头奶牛；为市长之妇治病，报酬是一匹骡；为王后治病，报酬是一峰雌驼。"另外在幼发拉底河边，还有许多渡河用的驴皮筏。据色诺芬记载：他在波斯北部作战期间，曾多次俘获过家驴，说明养驴在伊朗高原已十分普遍[2]。

在阿契美尼德王朝鼎盛时期，疆域超过800万平方千米，人口总数约2500万—3000万。为了有效管理庞大的帝国，波斯人建立了高效的邮驿制度，希腊人称其为"angareion"。在驿传的过程中，信使沿途每至一处驿站，便更换驿马，如同接力般高速传递。希罗多德在《历史》中称赞道："旅途

---

[1] ［美］A. T. 奥姆斯特德著，李铁匠、顾国梅译：《波斯帝国史》，上海：上海三联书店，2017年，第100页。

[2] ［古希腊］色诺芬著，崔金戎译：《长征记》，北京：商务印书馆，2019年，第87、113页。

当中，没有人能比信使更快，这种巧妙的方法源自波斯人的伟大发明。"❶ 由于驿马的广泛应用，用驴车传送政令的美索不达米亚传统逐渐退出历史的舞台。

家驴在波斯人的扩张中立下汗马功劳。在大流士一世（Darius I）讨伐色雷斯人（Thracian）的战斗中，家驴组成的补给队浩浩荡荡，为波斯军队送去给养与武器。在征讨斯基泰人的战争中，大流士从帝国境内征调大量家驴，用以运输军队和后勤补给。据希罗多德的《历史》记载，斯基泰人的战马恐惧驴鸣，不敢轻易靠近波斯营地，而波斯人也利用驴鸣来警戒斯基泰骑兵的偷袭。大流士甚至借助驴鸣来迷惑斯基泰人，从而使波斯大军在弹尽粮绝后，全身而退❷。动物行为学研究表明：家驴有着极强的自卫意识。当它们预感到危险时，不会立刻逃跑，而是在原地驻足观察。驴的这一特性，与易受惊的家马形成鲜明对比。另外，家驴在遇袭时会发出嘶鸣，其频率与其他马科动物不同，不但能在吸气时发声，呼气时亦不间断，其鸣叫类似于机械，因此具有一定

---

❶ [美]德布拉·斯凯尔顿等著，郭子林译：《亚历山大帝国》，北京：商务印书馆，2015年，第101页。

❷ [古希腊]希罗多德著，徐松岩译注：《历史》，上海：上海三联书店，2007年，第237—239页。

图 5.2　波斯波利斯石刻中的驴（笔者拍摄）

的恐吓作用。

　　希罗多德的记载得到了波斯波利斯（Persepolis）阿帕丹（Apadana）浮雕的印证。这些浮雕完成于薛西斯一世（Xerxes I）时期，反映了阿契美尼德王朝 23 个属地的使者与贡赋。有学者指出，第十八幅石刻北阶表现的是三位来自

图 5.3　波斯波利斯石刻中的"宠物驴"（笔者拍摄）

印度（Hindus）的使者，为薛西斯带来一头驴作为礼物[1]。这头驴十分玲珑乖巧，很像现代意义上的"伴侣驴"（Donkey Companion），也有学者称为"宠物驴"。瑞特沃（Ritvo）指出："动物作为宠物是构建人类不同阶层政治、社会、文化身份和地位的重要物质和文化资本。"[2] 在阿帕丹浮雕东阶

---

[1] G. Walser, Die Völkerschaften auf den Reliefs von Persepolis. Historische Studien über den sogenannten Tributzug an der Apadanatreppe, Teheraner Forschungen 3. Berlin, 1966, pp.94–95.

[2] 陈怀宇：《动物史的起源与目标》，《史学月刊》2019 年第 3 期，第 115—121 页。

有一幅武士与驴的石刻,学界考证是来自印度的使者与贡品野驴。这只驴像骏马般高大,并非普通的家驴。沃尔萨(Walser)、邓泽尔(Denzau)等人根据亚述皇家狩猎浮雕判断,这是即将进入皇家林苑的印度野驴[1]。显然,驯化动物、征服自然界和动物界,是古代帝王展示政治权威的一种表现。

公元前404年,阿契美尼德王朝统治者大流士二世去世,帝国内部出现了居鲁士三世(Cyrus Ⅲ)、阿尔塔薛西斯二世(Artaxerxes II)的王位之争。公元前401年,色诺芬(Xenophon)参加了居鲁士三世招募的希腊雇佣军,随军的还有很多骡子[2]。在色诺芬的著作《长征记》(Anabasis)中,记录了幼发拉底河左岸野驴的活动情况:"至于野驴,每当有人追捕,它们便往前跑,跑一阵就停下来——因为它们的速度比马快得多——然后,当马来近时,便又那样跑跑、停停,不可能逮住它们,除非是猎骑们间隔地摆开阵势,接力

---

[1] A. Parpola, J. Janhunen, On The Asiatic Wild Asses (Equus hemionus & Equus kiang) and Their Vernacular Names, *A Volume in Honor of the 80th-Anniversary of Victor Sarianidi*, Sankt-Petersburg: ALETHEIA, 2010, pp.423-466.

[2] 〔古希腊〕色诺芬著,崔金戎译:《长征记》,北京:商务印书馆,2019年,第79页。

地追捕猎取。猎得的驴，其肉如鹿脯而更为鲜嫩。"❶

在波斯传统中，狩猎野驴是一种荣耀的象征。据5世纪亚美尼亚史家柯伦的摩西（Moses of Choren）记载，奥朗提斯王朝（Orontid Dynasty）末代统治者奥伦特二世（Orontes Ⅱ），曾修建了名为"创世（Genesis）"的大型林苑，内有野驴、羚羊等动物，以供统治者狩猎❷。在婆罗钵语（Pahlavi）文献《阿尔达希尔·帕帕克的功绩》（*The Kârnâmag î Ardashîr î Babagân*）中，记述了萨珊王朝（Sasanid Empire）的建立者阿尔达希尔一世（Ardashir Ⅰ）与帕提亚王朝（Parthian Empire）末代君王阿尔达万（Artabanus Ⅳ）诸子争抢猎取野驴的故事，其中一句提到："善射之美名，岂能由谎言来维护？在辽阔的荒野上，（真正的王者）猎获野驴易如反掌……"❸

在中古波斯语、新波斯语以及乌尔都语中，"野驴"均

---

❶ ［古希腊］色诺芬著，崔金戎译：《长征记》，北京：商务印书馆，2019年，第18页。

❷ ［美］托马斯·爱尔森著，马特译：《欧亚皇家狩猎史》，北京：社会科学文献出版社，2017年，第54—55页。

❸ B. A. Darab Dastur Peshotan Sanjana, *Middle Persian Literature*, Bombay: Education Society's Steam Press, 1896, p.60.

称作 gōr-[1]。"昭陵六骏"之一的"拳毛䯄",其中"䯄"即源于波斯语 gōr,表示像野驴一样飞奔的良马[2]。在波斯传统中,能够驾驭或猎获野驴(gōr)的王者,才能获得"王中之王"(King of kings)的称号。这一传统还影响到拜占庭帝国。据神圣罗马帝国使节利乌特普朗(Liudprand)记载,拜占庭帝国君主尼科夫鲁斯二世弗卡斯(Nicephorus Ⅱ Phocas,963—969)曾向其炫耀"自己规模极大的狩猎场",其中还有野驴。而弗卡斯的侍从告知利乌特普朗,"能在狩猎中获得野驴是一种不小的荣耀"[3]。在波斯诗人菲尔多西(Firdausī)《列王纪》(Šāhnāma)中,常用 Gōr 或 Bahrām-e-Gōr 指代萨珊波斯国王巴赫拉姆五世(Bahram V,421—438/9),用以歌颂他的文治武功,称赞他狩猎野驴时的迅捷身姿。诗人奥马尔·卡亚穆(Omar Khayyam)在诗中,也借用波斯语 gōr(野驴)表达同音异义词——gor(坟墓和

---

[1] P. Horn, Grundriss der neupersischen Etymologie, *Sammlung Indogermanischer Wörterbucher* 4, Strassburg, 1893, p.463.

[2] G. Morgenstierne, A New Etymological Vocabulary of Pashto, Compiled and edited by J. Elfenbein, D. N. MacKenzie, N. Sims-Williams, *Beiträge zur Iranistik* 23, Wiesbaden, 2003, p.34.

[3] Van Milligen, *Byzantine Constantinople: The Walls of the City and Adjoining Historical Sites*, London: John Murray, 1899, pp.75-76.

沙漠），但这一用法出现于"伊斯兰大征服"之后[1]。《北史·西域传》载，波斯"土出名马、大驴及驼，往往有一日能行七百里者，富室至有数千头"[2]。《隋书·西域传》载，波斯"土多良马，大驴"[3]。《旧唐书·西戎传》载：波斯"出騾及大驴"[4]，《集韵》注"騾"为驴的异体字，一曰大骡。"大驴"或"騾"可能均指波斯野驴，或体型较大的骡，当然也不排除家驴与野驴的杂交种。

在现代波斯语中，野驴（onager）也被称为 gōr-χar[5]。在这一词汇中，波斯语 χar 表示"驴"的意思。同类构词法见于 χar-gōš "野兔"，其字面意思是"一种有驴耳朵的动物"。在中古波斯语和新波斯语中，χar 有相同的词根，也包括俾路支语（Baluchi）和帕斯托（Pasto）语 χar，瓦罕

---

[1] Francis Joseph Steingass, *A Comprehensive Persian-English Dictionary, including the Arabic Words and Phrases to Be Met with in Persian literature*, London: Routledge & K. Paul, 1892, p.1101.

[2] 《北史·西域传》，第 3222 页。

[3] 《隋书·西域传》，第 1857 页。

[4] 《旧唐书·西戎传》，第 5312 页。

[5] Francis Joseph Steingass, *A Comprehensive Persian-English Dictionary, including the Arabic Words and Phrases to Be Met with in Persian Literature*, London: Routledge & K. Paul, 1892, p.1102.

（Wakhi）语 χur，于阗塞（Khotanese Saka）语 khara，奥塞梯（Ossetic）语 χœrœg，以及阿维斯陀（Avestan）语 χara-❶。在现代波斯语中，"野驴"的栖息地常用 χar-e daštī 或 χar-daštī 表示，dašt 表示"缺水的戈壁或沙漠"❷。Kavir 则指"盐漠"，也用来特指野驴的栖息地，例如伊朗的一个野驴保护区被称为 Dašt-e Kavir❸。

在波斯波利斯宫殿的档案馆遗址内，还出土了大量阿契美尼德时期的泥板文书，多由埃兰语（Elamite）、阿拉米语（Aramaic）书写。据学界解读，其中一部分是反映建筑工地驴、马等牲畜饲料的账单；另一些则记录了阿契美尼德王朝的宫廷菜谱，包含驴、马、骆驼、牛等畜肉的佳肴❹。据希

---

❶ Стеблин-Каменский И. М., Этимологический словарь ваханского язы-ка. СПб., 1999, p.409.

❷ Francis Joseph Steingass, *A Comprehensive Persian-English Dictionary, including the Arabic Words and Phrases to Be Met with in Persian Literature,* London: Routledge & K. Paul, 1892, p.450.

❸ Francis Joseph Steingass, *A Comprehensive Persian-English Dictionary, including the Arabic Words and Phrases to Be Met with in Persian Literature,* London: Routledge & K. Paul, 1892, p.526.

❹ ［美］A. T. 奥姆斯特德著，李铁匠、顾国梅译：《波斯帝国史》，上海：上海三联书店，2017 年，第 219、225 页。

罗多德记载，波斯富人喜爱吃烤肉来庆祝生日，其中也包括烤驴肉❶，"每个（波斯）人最重视的一天，就是自己的生日。在这一天，应该提供更丰盛的食物：牛、马、驴甚至骆驼被烤在炉里，然后摆放在富人们面前；穷人也能吃上少量畜肉。他们上菜的次数少，但总有奇珍异鲜，依次端上"❷。由此可见，波斯人对烤驴肉的钟爱。在波斯诗人菲尔道西的《列王纪》中，多次描述英雄鲁斯塔姆（Rustam）捕获野驴并食用的场景：（1）"他点燃篝火，烤好驴肉，饱餐一顿"；（2）"烘烤捕获的野驴"，"驴肉香气扑鼻"；（3）"侍从铺好桌布，摆上松软的饼，端出烤驴肉"，"英雄们吃得津津有味，眼见整只野驴所剩无几"。❸

三、哥诺尔悬案

公元前 2200 年之后，欧亚草原、中亚南部及美索不达

---

❶ ［美］米夏埃尔·比尔冈著，李铁匠译：《古代波斯诸帝国》，北京：商务印书馆，2015 年，第 131 页。

❷ ［古希腊］希罗多德著，王以铸译：《历史》，北京：商务印书馆，2016 年，第 133 页。

❸ 元文琪、于桂丽编译：《古波斯经典神话》，北京：商务印书馆，2021 年，第 158、171、245 页。

米亚地区出现了一场持续近300年的旱灾，季节性降水减少，沙尘暴肆虐，从而导致大范围内的人口大迁徙。正是由于这一环境变化，促使家驴耐旱的优势得以体现，加速了家驴在中亚南部地区的传播❶。

1972年，苏联考古学家维克多·萨瑞阿尼迪（Viktor I. Sarianidi）在土库曼斯坦梅尔夫（Merv）以南30千米发现了中亚青铜时代的定居点——哥诺尔遗址（Gonur Tepe）。这一发现震惊了世界，今天学界将其称为"巴克特里亚—马尔吉亚纳考古文化联合体"（Bactria and Margiana Archaeological Complex，缩写BMAC）。早在公元前三千纪末，巴克特里亚—马尔吉亚纳人群就与美索不达米亚存在广泛的贸易与文化联系❷。在哥诺尔遗址M262墓内，萨瑞阿尼迪发现了"马科动物的遗骨"，结合在中亚其他地区的发掘情况，他判断"可能是马骨"。此后，学界又在哥诺尔遗址

---

❶ ［英］保罗·克里瓦切克著，陈沅译：《巴比伦：美索不达米亚和文明的诞生》，北京：社会科学文献出版社，2020年，第168页。

❷ ［德］N. 勃罗夫卡著，昌迪、张弛译：《哥诺尔遗址"羔羊之墓"出土银针饰——关于青铜时代中亚音乐与宗教礼仪的研究》，《北方民族考古》第12辑，北京：科学出版社，2021年，第252—261页。

图 5.4

哥诺尔发现的"马科动物 1 号"

（引自 A. Parpola, 2010）

陆续发掘出 8 具"马科动物遗骸"❶。萨瑞阿尼迪依据哥诺尔遗址 M2380 出土的青铜马首权杖❷，将上述 9 具"马科动物的遗骨"推测为"家马"。

---

❶ V. I. Sarianidi, *Necropolis of Gonur*, Sankt-Petersburg: Athens, 2007, pp.265-266, 410-441.

❷ 这件青铜马首权杖前部有一个小耳朵，颈部有一排长长的鬃毛，属于典型的巴克特里亚——马尔吉亚纳（Bactria-Margiana）文化的随葬品。萨瑞阿尼迪认为，类似器物在塔吉克斯坦扎查·哈利法（Zardcha Khalifa）一座高等级墓葬中也有发现，属于辛塔什塔—阿尔凯姆（Sintashta-Arkaim）文化类型。近年来，欧美学界认为上述动物可能是被称为"库兰"（kulan）的蒙古野驴（Equus hemionus）。

第五章 驴马之争　139

此后，萨瑞阿尼迪又重申了自己的观点，强调哥诺尔发现的马科动物是马，而非驴——"马是从西亚传入哥诺尔的，而非欧亚草原，因为哥诺尔贵族墓葬（royal graves）出土的车轮与埃兰（Elam）发现的车轮相同"[1]。此类车轮由6根青铜辐条及3处突起的外缘构成，结构稳定、结实耐用，与美索不达米亚早期的驴车车轮较为相似。

1989年，动物考古学家凯特琳·摩尔（Katherine Moore）对哥诺尔出土动物骨骼进行分析后，否定了萨瑞阿尼迪的观点："从发掘结果分析，尚无证据表明家马在铜石并用时代（Chalcolithic Age）的哥诺尔已被驯化。它们本应出现在那个时代，但在同时期的报告中却无马骨出土。"凯特琳·摩尔进一步指出，野驴（kulan）是土库曼斯坦本土的马科动物，目前已濒临灭绝。但在铜石并用时代的卡拉库姆沙漠（Karakum Desert），野驴数量很多。哥诺尔出土的野驴骨骼有明显的破碎、砍砸和灼烧痕迹，可以推测野驴曾是人类狩猎的目标。但理查德·梅多（Richard Meadow）强调："灼烤并非意味着烹饪，烹饪必须经过演绎证明。骨骼可以

---

[1] V. I. Sarianidis, *Zoroastrianism: New Motherland for An Old Religion*, Sankt-Petersburg: Athens, 2008, p.267.

图 5.5　哥诺尔出土"马科动物"及其头部骨骼（引自 A. Parpola, 2010）

通过各种途径被烘烤，其中不一定包括食物环节。"上述颌骨样品显示，有两头野驴已成年，一头超过 8 岁，另一头超过 19 岁……而采集的另一块跖骨则来自一头 1—2 岁的幼年野驴。[1]

1990 年，动物考古学家理查德·梅多对哥诺尔遗址 M262 出土的马科动物进行鉴定，指出这具动物骨骼的尺寸偏小，可以确认为是一头驴驹。这些驴可能来自中亚南部地区，属于哥诺尔文化第二期，时代约为公元前第二千纪。然而萨塔耶夫（R. M. Sataev）在哥诺尔的一座高等级墓葬中，

---

[1] K. M. Moore, Animal Use at Bronze Age Gonur Depe, *International Association for the Study of the Cultures of Cental Asia Information Bulletin*, No. 19, 1993, pp.164-176.

曾识别出"马的骨骼",根据第二颗前臼齿判断,其年龄在8—10岁左右,且生前被长期役使[1]。但理查德·梅多否定了萨塔耶夫的观点,指出牙齿的残缺是由咬合不正或撕咬打斗造成的,并非使用马具的磨损痕迹。

2006年,小矶学(Manabu Koiso)、阿斯科·帕尔波拉(Asko Parpola)和长田敏生(Toshiki Osada)对哥诺尔 M3340、M16出土的两具完整马科动物头骨进行过鉴定,均确定为家驴遗骸。由此推测,至少在公元前第三千纪晚期,家驴已传入巴克特里亚—马尔吉亚纳(Bactria–Margiana)文明圈,而家马传入的时间大致在公元前第二千纪早期。

四、驴在中亚

在中亚安德罗诺沃文化遗址中,考古学家发现了野驴的遗骨,但从骨骸外伤及破损痕迹推测,它们应是当地人群的狩猎目标[2]。塔吉克斯坦泽拉夫尚(Zeravshan)河下游发现

---

[1] Р. М. Сатаев, *Животные из раскопок городища Гонур-Депе*, Труды Маргианс-кой археологической экспедиции. Т. 2 \ Сарианиди В. И. (гл. ред.). М., 2008. С.138-142.

[2] [俄]库兹米娜著,邵会秋译:《印度—伊朗人的起源》,上海:上海古籍出版社,2020年,第162页。

的扎曼巴巴（Zamanbaba）文化遗址中，出土了少量的驴骨，尚无法确定驴的种属，年代约为公元前1500年❶。在哈萨克斯坦东南部塞列克塔斯（Serektas）、图尔根（Turgen）等遗址的动物考古中，也发现了一定比例的野驴骨骸，年代约为公元前1200年❷。目前尚无证据显示，青铜时代的中亚畜牧人群曾试图驯化亚洲野驴。学界认为，家驴是一种天生对犬科动物具有攻击性的家畜，因此它们并不适合与牧羊犬和平相处，这也限制了畜牧人群对家驴的驯养。

至少在公元前一千纪初期，家驴已传入费尔干纳盆地（Fergana Valley），并向北进入伊犁河流域和米努辛斯克盆地。在米努辛斯克盆地出土了青铜铸造的家驴形牌饰，年代为塔加尔文化早期❸。在乌兹别克斯坦撒马尔罕附近的萨扎干（Sazagan）遗址，出土了公元前2—前1世纪的马属动物遗

---

❶ ［塔吉克斯坦］博博占·加富罗维奇·加富罗夫著，中国社会科学院俄罗斯东欧中亚研究所译：《塔吉克人——上古时代、古代及中世纪历史》，北京：中国社会科学出版社，2022年，第16页。

❷ A. Haruda, Regional Pastoral Practice in Central and Southeastern Kazakhstan in the Final Bronze Age (1300‑900 BCE), *Archaeological Research in Asia* 15, 2018, pp.146-156.

❸ 吉林大学考古学院、米努辛斯克博物馆：《米努辛斯克博物馆青铜器集萃》，北京：文物出版社，2021年，第186、286页。

骸，其中包括至少 5 块家驴骨骼。萨扎干的驴骨标本数据与新疆圆沙古城出土的驴骨十分相近，只是年代略晚[1]。其中萨扎干遗址 II 区 H2 出土的 1 枚驴第 1 趾骨远端内外侧，有严重的骨质增生现象，应是生前长期役使和负重造成的。另外，萨扎干遗址位于费尔干纳盆地周缘的山前地带，丘陵缓坡地貌明显，恰好适用家驴驮载货物或乘骑，其役使方式至今仍见于当地[2]。

1994—2001 年，俄罗斯考古学家在哈萨克斯坦茨加尼卡（Tseganka）8 号居址的一处灰坑中发现 2 块驴骨，测年数据分别为 2390±70 年和 2130±40 年，属于塞克—乌孙文化时期。茨加尼卡遗址位于阿拉木图（Almaty）以东 20 千米的伊犁河支流区域，距离中哈边界不足 50 千米，说明伊犁河流域定居的塞人与乌孙人已开始饲养家驴[3]。敦煌汉简

---

[1] 黄蕴平：《新疆于田县克里雅河圆沙古城遗址的兽骨分析》，《考古学研究（七）》，北京：科学出版社，2007 年，第 532—540 页。

[2] 刘欢、王建新等：《乌兹别克斯坦撒马尔罕萨扎干遗址先民动物资源利用研究》，《西域研究》2019 年第 3 期，第 132—141 页。

[3] ［俄］K. M. 巴伊帕科夫著，孙危译：《古代的城市和草原：从日特苏遗址看古代塞人和乌孙的定居生活及农业》，《欧亚译丛》第四辑，北京：商务印书馆，2018 年，第 126—129 页。

提到"乌孙女献驴"之事，可与上述考古发现相佐证。❶

汉唐时期的汉文史料中，对中亚地区的家驴分布有所记载，如"罽宾国"条、"乌秅国"条、"康国"条等，均涉及家驴、野驴的相关内容。

《汉书·西域传》"罽宾国"条："罽宾国，王治循鲜城，去长安万二千二百里。不属都护。户口胜兵多，大国也。东北至都护治所六千八百四十里，东至乌秅国二千二百五十里，东北至难兜国九日行，西北与大月氏、西南与乌弋山离接。"罽宾，又称"迦湿弥罗"，梵语 Kapisa，位于今克什米尔至阿富汗东部地区。《汉书·罽宾国传》载："驴畜负粮，须诸国禀食，得以自赡。国或贫小不能食，或桀黠不肯给，拥强汉之节，馁山谷之间，乞匄无所得，离一二旬则人畜弃捐旷野而不反。又历大头痛、小头痛之山，赤土、身热之阪，令人身热无色，头痛呕吐，驴畜尽然。"❷ 唐代文献《贞元新定释教目录》卷十载，三藏沙门达摩战涅罗于唐开元二十九年（741）归国时，从疏勒行至"式匿国"之乏骡岭，后因战乱

---

❶ 吴礽骧、李永良、马建华释校：《敦煌汉简释文》，兰州：甘肃人民出版社，1991年，第202页。

❷ 《汉书·西域传》，第3886页。

复返疏勒。据考证，乏骡岭位于今阿富汗东北部，即汉代罽宾辖域内[1]。从上述史料可知，帕米尔高原东部以驴作为驮畜负粮，也是充分考虑到家驴强健、易饲养的特性。2020年10月，笔者在新疆阿克陶县木吉乡进行田野调查时，发现当地柯尔克孜牧民家中仍在饲养家驴，老人出行仍习惯于乘驴。

《汉书·西域传》"乌秅国"条载："出小步马，有驴无牛。"乌秅，梵语为Uddiyana或Udyāna，位于今天帕米尔高原东南部，巴基斯坦境内印度河上游罕萨（Hunza）河谷至斯瓦特河谷（Swat Valley）一带[2]。《汉书·乌秅国传》载："乌秅国，王治乌秅城。去长安九千九百五十里，户四百九十，口三千七百三十三，胜兵七百四十人。东北至都护治所四千八百九十二里，北与子合、蒲犁、西与难兜接。山居，田石间。"[3] 乌秅位于高寒高海拔地区，多山地，使用驴作驮畜也是无奈之举。乌秅在《魏书·西域传》中称"权於摩"，《法苑珠林》作"乌苌"，杨衒之《洛阳伽蓝记》作

---

[1] 钟兴麒编著：《西域地名考录》，北京：国家图书馆出版社，2008年，第282页。

[2] 钟兴麒编著：《西域地名考录》，北京：国家图书馆出版社，2008年，第973、974页。

[3] 《汉书·西域传》，第3882页。

图 5.6　骑驴的柯尔克孜老人（作者拍摄）

"乌场",玄奘《大唐西域记》作"乌仗那",义净《大唐西域求法高僧传》作"乌长那",慧超《往五天竺国传》作"乌长",《开元释教录》作"邬荼"。据《北史·西域传》载:乌苌国"西南有檀特山,山上立寺,以驴数头运食山下,无人控御,自知往来也"。❶类似记载亦见于《法苑珠林》卷39。在榆林窟第33窟侧壁《佛教史迹画》内,亦有反映家驴向寺院驮运粮食的图像,只是故事背景被换作佛教圣地五台山❷。

《隋书·西域传》"康国"条载:康国出产"马、驼、骡、驴、封牛"❸。康国又作"飒秣建",政治中心位于今乌兹别克斯坦撒马尔罕(Samarkand)市阿弗拉西阿卜(Afrasiab)遗址,唐代玄奘法师曾到访于此。另外《唐会要》《册府元龟》均提及吐火罗与安国所献的"波斯䮫",薛爱华(Edward Hetzel Schafer)等学者认为是中亚野驴❹。2019

---

❶ 《北史·西域传》,第3233页。

❷ 中国敦煌壁画编辑委员会编:《中国敦煌壁画全集》第九卷,天津:天津人民美术出版社,2006年,第151页。

❸ 《隋书·西域传》,第1849页。

❹ [美]薛爱华著,吴玉贵译:《撒马尔罕的金桃:唐代舶来品研究》,北京:社会科学文献出版社,2018年,第210页。

图 5.7　榆林窟第 33 窟侧壁《佛教史迹画》（引自《中国敦煌壁画全集》第九卷，第 151 页）

年，学界在吉尔吉斯斯坦阿克贝希姆（Ak-Beshim）遗址调查时，发现了大量马科动物的骨骸，其中部分为驴骨，年代约在唐宋时期[1]。志费尼（Djuveni）在《世界征服者史》（*Tarikh-i Jahangushay-i Juvaini*）中提及一处地名"豁兰八失"（Qulanbash）。Qulan 即"野驴"，bash 为"头""源头"之意；"豁兰八失"可解释为"野驴之头"或"野驴出没之地"。据考证，"豁兰八失"在哈萨克斯坦塔拉斯（Talas）

---

[1] ［吉尔吉斯斯坦］吉尔吉斯共和国国家科学院等编，李尔吾译：《日本—吉尔吉斯斯坦联合考古调查报告（卷三）：阿克贝希姆（碎叶城）2019》，四日市：帝京大学文化遗产研究所，2021 年，第 151 页。

附近,是奇姆肯特(Chimkent)至江布尔(Dzhambul)的必经之路[1],此地至今仍有野驴活动。

在现代中亚地区,特别是哈萨克斯坦、吉尔吉斯斯坦和乌兹别克斯坦,人们因信仰而禁食驴肉。年老的家驴因此被放归乡间,自由撒欢。在中亚的村间地头,常见成对的老驴在白杨树下悠闲吃草,并不时叫唤几声,以证明自己的存在。动物行为学研究表明,家驴十分依赖伴侣关系,孤独的家驴通常更易死亡。驴不但与人存在亲密关系,甚至能与其他动物建立强烈的感情纽带,而这种情感联系时常会相伴一生。当地人常说:"毛驴一辈子辛苦,自由是对它最好的回报。"在中亚牧区,人们役使家驴不会真正用力鞭打,多数是象征性的吓唬,据说虐打牲畜会使主人一辈子受穷。另外,人们相信家驴报复性很强、爱记仇,惹恼毛驴"可能会被咬掉耳朵"。事实上,善待家畜与善待野生动物一样,是一种自然主义的现实表现;这是游牧人与家畜间的一种关系定位,是一种生活的智慧。

---

[1] 钟兴麒编著:《西域地名考录》,北京:国家图书馆出版社,2008年,第437—438页。

第 六 章

印度河谷的驴鸣

早在公元前三千纪,印度河文明就与美索不达米亚存在密切的商业往来。西亚地区的谷物、羊毛、香料、金属制品等,被用来交换印度河流域的象牙、木材、印章、珠饰等商品。在乌尔、巴比伦出土了大量印度河谷制造的圆柱形印章,一些泥板文书上也记录了早期印度商人的信息[1]。古印度学家兰伯特-卡洛夫斯基(Lamberg-Karlovsky)对印度

---

[1] [美]格雷戈里·柯克伦、亨利·哈本丁著,彭李菁译:《一万年的爆发——文明如何加速人类进化》,北京:中信出版集团,2017年,第117页。

河流域与美索不达米亚出土的器物进行研究后认为,两地的贸易往来在公元前第二千纪已十分兴盛。据乌尔第三王朝文献可知,美索不达米亚地区存在大量印度商人的定居点,证明两地间的贸易还伴随着人员的迁徙与流动[1]。帕尔博拉(Parpola)认为,巴克特里亚—马尔吉亚纳人群将驯化的马、驴、骆驼以及印欧语带入大印度河谷[2]。目前的考古发现也证明,至少在公元前1500年,家驴已广泛分布于印度河谷。但在此之前,印度河谷的早期居民对本地的野驴也十分熟悉,并形成了一套独具特色的文化体系。

一、邪恶化身

在印度河早期的摩亨佐达罗—哈拉帕(Moenjodaro-Harappa)文化中,考古学家发现了一系列类似马科动物的图案,它们的特点是头大,无角,耳朵向斜上方竖立,脖子长,后腿高,尾巴呈簇状竖起。经过帕尔波拉、理查德·梅多等学者的比较分析,基本确定此类图案是早期达罗毗荼语

---

[1] 刘昌玉:《从"上海"到下海——早期两河流域商路初探》,北京:中国社会科学出版社,2019年,第10页。

[2] Asko Parpola, Indus Civilisation, in Knut A. Jacobsen ed., *Brill's Encyclopaedia of Hinduism*, Vol.iv, Leiden, 2012, p.7.

图6.1

驴形符号及变体:

(a) M-93A,
(b) M-93a,
(c) M-1097A,
(d) M-1097a,
(e) M-290A,
(f) M-290a,
(g) M-290abis,
(h) M-78A,
(i) M-78a,
(j) M-926A,
(k) M-926a,
(l) H-1934A,
(m) H-2029A,
(n) H-2031A.

(引自 A. Parpola, 1994)

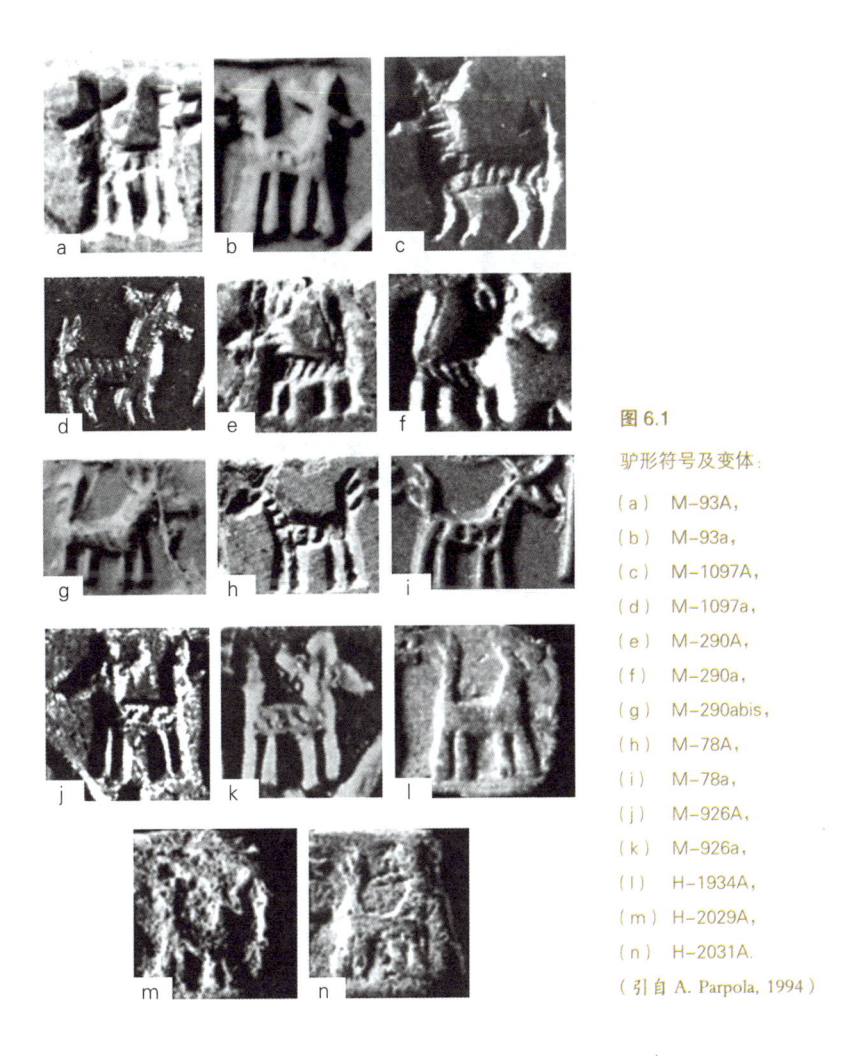

（Dravidian）的字母符号，描绘的应是印度野驴。

格特鲁德（Gertrud）、赫尔穆特·丹佐（Helmut Denzau）在著作《野驴》中指出，尾巴竖起是野驴区别于家驴的主要

第六章　印度河谷的驴鸣　153

图 6.2

驴形符号及变体：
（a） M-416A,
（b） M-416a,
（c） M-516A,
（d） M-516Abis,
（e） M-1282 A+M-1283A,
（f） M-1283a+M-1282a,
（g） M-1336a,
（h） M-1341 A,
（i） M-1341a
（A. Parpola, 1994）

特征，特别是处于发情期的雄性野驴，其尾巴上翘会更加明显。雄性野驴的显著特点之一，是具有旺盛的生育力。在人类早期文明中，对男性生育力的崇拜通常表现为对生殖器的过度夸张，雄性犀牛、大象、野驴也自然成为人们崇拜的对象。在印度古典神话中，强壮高大的男性常被比作"野驴"或"犀牛"。在摩亨佐达罗出土的金属牌饰中，常有野驴形象出现，如图 M-516、M-517 和 M-1481 所示[1]。

---

[1] A. Parpola, *Deciphering the Indus Script*, Cambridge: Cambridge University Press, 1994, pp.110-111 with A11 and B5.

图 6.3　摩亨佐达罗出土驴形赤陶塑像，现藏印度国家博物馆[1]

　　帕尔波拉在著作中大量列举了摩亨佐达罗—哈拉帕文化时期的驴形符号，其中一部分来自牌饰图案与早期印章，另有少量是用途不明的石质或金属模具。此外，在摩亨佐达罗遗址还出土了7件带有驴形图案的陶器或陶片，其中一件收藏于印度新德里国家博物馆[2]。阿尔德列亚努-扬森

---

[1] D. K. Chakrabarti (ed.), *Indus Civilization Sites in India, New Discoveries*, Mumbai, 2004, p.18.

[2] 四肢是后来修复时安装的，尾巴和耳朵已损坏。

第六章　印度河谷的驴鸣

（Ardeleanu-Jansen）指出，上述图案是典型的印度野驴形象[1]。在俾路支斯坦（Balochistan）和信德省（Sindh）的拉纳昆代（Rana Ghundai）、梅尔加赫（Mehrgarh）、纳乌沙罗（Nausharo）、锡布里（Sibri）、皮拉克（Pirak）、苏尔达姆/奈尔[2]（Sohr Damb/Nal）、巴拉科特（Balakot）等遗址，都发现过印度野驴的骨骸，年代从新石器时代早期（公元前7000—前6000年）一直延续至哈拉帕文化晚期。在苏克塔达（Surkotada）、朵拉维那（Dholavira）、希卡布尔（Shikarpur）以及卡提瓦（Kathiawar）发现的野驴骸骨上，还有切割、灼烧的痕迹，推测人类曾将野驴视为重要的肉食来源[3]。

根据法国人类学家列维 – 斯特劳斯（Claude Levi-Strauss）

---

[1] G. L. Possehl, *Indus Age: The Beginnings*, New Delhi, 1999, p.186.

[2] N. Benecke, R. Neef, Faunal and Plant Remains from Sohr Damb/Nal: A prehistoric Site(c. 3500-2000 BC) in Central Balochistan (Pakistan), *SAA* 2003, U. Franke-Vogt, H.-J. Weisshaar (Eds.). *Forschungen zur Archaologie aussereuropaischer Kulturen* 1, Aachen, 2005, pp.81-91.

[3] P. K. Thomas, Investigations into the Archaeofauna of Harappan Sites in Western India, Protohistory: Archaeology of the Harappan Civilization, S. Settar, R. Korisettar (eds.), *Indian archaeology in retrospect* 2, New Delhi, 2002, pp.409-420.

的"结构主义理论"(Structuralism),野驴—性—兴奋—邪恶在印度神话中存在关联性。在印度宗教体系中,野驴象征着邪恶。如《诃利世系》(Harivaṃśa)中,恶驴达努卡(Dhenuka)的尾巴由于愤怒而竖起。尾巴在印度传统神话中预示着性的含义,因此对"不道德性行为"的惩罚常与驴有关。如《阿巴斯谈巴法经》(Āpastamba-Dharmasūtra)、《乔答摩法经》(Gautama-Dharmasūtra)与《婆吒法经》(Vasistha-Dharmasūtr)规定:失去贞洁操守的吠陀信徒将得到一头驴(gardabha-)。《宝陀耶那法经》(Baudhāyana-Dharmasūtra)规定:受罚者在献祭仪式中,要吃下被割掉的驴生殖器以示惩戒[1]。另外《摩奴法典》(Manu-Smṛti)规定:(1)有罪的信徒应在一年内披戴驴皮,并在乞求食物时陈述自己的罪行。(2)犯有通奸罪的婆罗门妇女,要通过在公共场合裸体骑驴来净化身体。(3)贱民的牲畜只能是家驴和狗。

在印度民间,野驴预示着厄运,并存在一定的宗教禁忌。例如古印度医书《妙闻集》(Sushruta Samhita)曰:请

---

[1] P. Olivelle, *Dharmasūtra: The Law Codes of Āpastamba, Gautama, Baudhāyana, and Vasistha Annotated Text and Translation*, Delhi, 2000, pp.122-123.

医生的人若骑驴归来，患者的病情会加重❶。《阿闼婆吠陀》(Atharvaveda-Pariśiṣṭa)载：狗、驴、豺狼、秃鹰及乌鸦的叫声，代表厄运来临。《阿巴斯谈巴法经》和《乔答摩法经》规定：信徒听到狗、驴、豺狼的叫声，要立刻停止吟诵。《摩奴法典－家庭经》(Mānava-Gṛhyasūtra)认为，驴象征着厄运，驴鸣及驴形的云，都预示着灾祸❷。此外，野驴还暗示"毁灭"与"死亡"，这可能与印度野驴生存的荒漠环境有关。在《罗摩衍那》(Rāmāyaṇa)中，婆罗多(Bharata)预言："一个人驾驭驴战车，预示着奔向死亡。"❸尽管驴有强大的生育力，但其形象却与印度神话中的西南守护神罗刹天(Nirṛti)相联系。在《婆吒法经》《宝陀耶那法经》中，"邪恶之神"罗刹天(Nirṛti)与"死亡之神"焰摩天(Yama)，将驴作为不贞的牺牲献祭于荒原。

在印度神话中，海底火山喷发是由驴头神(Vaḍavāmukha)

---

❶ [意]阿尔图罗·卡斯蒂缪尼著，程之范、甄橙主译：《医学史》，南京：译林出版社，2013年，第82页。

❷ 蒋忠新译：《摩奴法论》，北京：中国社会科学出版社，2007年，第79、212、236页。

❸ 季羡林译：《罗摩衍那》第3册，南昌：江西教育出版社，1995年，第292页。

造成的[1]，它是地狱世界中的毗湿奴（Visnu），有着吞噬所有海水的无穷贪欲，将在新月与满月时站立。[2]李时珍《本草纲目·兽部》引唐代药物学家陈藏器所注"海驴条"："东海岛中出海驴，能入水不濡。"[3]此说应源于印度神话。宋人孔平仲《常甫招客望海亭》诗有"海中百怪所会聚，海马海人并海驴"一句，将"海驴"列为"百怪"之一。由此可见，"海驴"的文化渊源，应与印度婆罗门教存在关联。

二、语言学证据

历史语言学家认为，哈拉帕人群曾使用过一种"原达罗毗荼语"（Proto-Dravidian），但该语言已在公元前三千纪晚期失传。现代达罗毗荼语族群中，仍有一个特指"驴"的词汇，如泰米尔语（Tamil）kaẓutai、马拉亚姆语（Malayalam）kaẓuta、哥达语（Koda）kaẓt、托达语（Toda）katy、坎那达

---

[1] 梵语 vaḍavā- 原意为"母马"，但 Vaḍavāmukha 多以驴头恶魔形象出现，即汉译佛经中的"马面女"。

[2] A. Parpola, J. Janhunen, On the Asiatic Wild Asses (Equus Hemionus & Equus Kiang) and Their Vernacular Names, *A Volume in Honor of the 80th-Anniversary of Victor Sarianidi*, Sankt-Petersburg: ALETHEIA, 2010, pp.423–466.

[3] 《本草纲目》卷 50 下，第 22 页。

语（Kannada）kaṛte 或 katte、果达古语（Kodagu）katte、图鲁语（Tulu）katte、泰卢固语（Telugu）gāḍida、科纳米语（Kolami）gāḍḍi、奈基语（Naiki）gāṛḍi、帕基语（Parji）gade、贡地语（Gondi）gāṛḍi、库威语（Kuwi）gāṛde。印度语言学者克里希那穆提（Krishnamurti）指出，*kaẓutay 词根即表示原达罗毗荼语中的"驴"，并认为该词源自苏美尔语 kúnga。❶

另有学者指出，*kaẓutay 一词最初来自对印度野驴的称呼，意为"盐漠上的奔跑健将"。原达罗毗荼语 kaẓ 指"盐渍土"，对应泰米尔语 kaẓi（kaḷappu, kaḷar）、马拉亚拉姆语 kaẓi 或 kaḷar、哥达语 kayḷ- 或 kaḷc- 及布拉灰语 kallar。同时 *kaẓutay 作为一个外来语，可能源自非印度—雅利安语地区，如信德语（Sindhi）kalaru、拉亨达语（Lahnda）kallur、旁遮普语（Panjabi）kallar——上述词汇在印度—伊朗语中找不到词源❷。*kaẓutay 一词贴切的描述了印度野驴的生活环境——平坦荒芜的盐漠。今天，印度库奇兰恩（Kutch-

---

❶ B. Krishnamurti, *The Dravidian Languages*, Cambridge, 2003, p.12.

❷ R. L. Turner, *A Comparative Dictionary of the Indo-Aryan Languages*, L., 1966, No.2954.

Rann）盐漠仍是世界上自然条件最恶劣的地区之一，以荒漠、盐滩为主，一年约 8 个月处于炎热与干旱中，每年 8 月的东北季风会引起巨大海啸，使印度洋的海水深入荒漠 100 千米，迫使印度野驴向海拔更高处迁徙[1]。印度野驴的近亲——蒙古野驴、戈壁野驴等也生活在类似的荒漠环境中，且远离海洋，只有印度野驴分布于海岸边。在《圣经》中，盐漠也被称为"不毛之地"或"野驴的栖息之所"。色诺芬提及的叙利亚野驴，则生活于平坦无树、蒿草密布的美索不达米亚平原。二者的生存环境有一定的差异。

第二个语言学要素，是原达罗毗荼语词汇 *utay，具有"踢"的含义，类似于汉语"尥蹶子"的意思，如泰米尔语 utai、马拉亚拉姆语 uta 或 utayuka（utekka）、哥达语 od- 或 ov-、坎那达语 ode- 或 odi、图卢语 dankuni、加布达（Gabda）语 uvt、马图语（Malto）ustese 或 usete，均可指代"爱踢腿的动物"。动物学家指出，当雄性野驴争夺配偶时，会发出激烈的嘶鸣，彼此会撕咬、蹬踢[2]。

---

[1] R. E. Hawkins (ed.), *Encyclopedia of Indian Natural History*, Delhi, 1986, p.25.

[2] S. H. Prater, *The Book of Indian Animals*, *Third Edition*, Bombay, 1971, p.28.

"爱尥蹶子"是雄性野驴的一种普遍行为，在印度往世（Purānic）神话《诃利世系》（*Harivamsa*）中多有提及。学界指出，这一神话场景最初源于信德低地，也是当今印度野驴的主要栖息地。"一头凶猛的恶驴达奴卡（Dhenuka）在众野驴的拥护下，守卫着马图拉（Mathurā）附近的一片糖椰（Borassus aethiopum Mart.）林。❶当奎师那（Kṛṣṇa）和大力罗摩（Balarāma）还是儿童时，他们喜欢把成熟的果实从树上摇下来。忽然一群愤怒的野驴蹿入树林，它们立起鬃毛，面带轻蔑，瞪着眼睛厉声嘶鸣。野驴竖起尾巴，蹄间扬起尘土，张开大嘴如死神一般。恶驴看见糖椰树下的大力罗摩就猛冲过去，试图用残忍的手段攻击毫无防备的大力罗摩——用两条后腿猛踢他的胸口。大力罗摩抓住达奴卡的蹄子，将其肩和头扭断，顺势抛上糖椰树。恶驴从树上落下，嘴巴、颈部、臀部和大腿全部碎裂，立即死去。赶来增援的群驴也遭受了同样的厄运。"在波斯诗集《列王纪》中，与英雄鲁斯塔姆（Rustam）战斗的妖魔也化身为野驴❷，这种

---

❶ 大力罗摩（Balarāma），沉迷于畅饮棕榈酒，其旗帜中有棕榈树的图案也称为 tāla-ketu、tāla-dhvaja 及 tāla-bhṛt。

❷ 元文琪、于桂丽编译:《古波斯经典神话》，北京：商务印书馆，2021年，第223页。

戏剧化的描写应与印度文学中对野驴的丑化有关。

英国学者伯罗（Burrow）、艾曼纽（Emeneau）等认为，印度—雅利安语 gardabha- 的词源即源自达罗毗荼语，表明公元前一千纪印度河流域已出现语言间的借代现象[1]。迈尔霍夫（Mayrhofer）发现，来自达罗毗荼语的词汇 gardabha- 其用法十分古老，但词义并不明晰。Gardabha- 在伊朗语中并无对应词汇，在古印度—雅利安语中却用于后缀，特别是《梨俱吠陀》（*Rigveda*）中用于指驴[2]。另一个印度—雅利安语词汇 khara- 也指驴，可作前缀合成词"野兔"（*kharabhaka-），因此 khara- 有"长着驴耳朵的"含义。例如《罗摩衍那》中罗刹王罗婆那（Ravana）的兄弟伽罗（Khara），就长着驴耳朵[3]。古雅利安语 khara- 演化出现代尼泊尔语（Nepali）kharāyo、奥里亚语（oṛiā）kharā 或 khariā（kherihā）、马拉地语（Marathi）kharehā，以及印地

---

[1] T. Burrow, M. B. Emeneau, *A Dravidian Etymological Dictionary*, 2nd ed., Oxford, 1984, No.1364.

[2] M. Mayrhofer, *Etymologisches Worterbuch des Altindoarischen* I, Heidelberg, 1992, p.473.

[3] 季羡林译：《罗摩衍那》第 2 册，南昌：江西教育出版社，1995 年，第 391—392 页。

语（Hindī）kharahā。[1]

梵文 gardabha-m. 也具有野驴的含义。布洛肯顿（Brockington）认为，尽管野驴在《罗摩衍那》中被称作 khara-，但《罗摩衍那》中马主（Asvapati）在婆罗多（Bharat）离开之际，曾赠予他一头动作敏捷的野驴（gardabham）。在现代信德语中，印度野驴仍称为"khar-gadhā"或"khur-guddha"。另外，gardabha- 还有表示颜色的含义，特指类似野驴皮毛的颜色，如 gardabbhāruṇaḥ 意为"野驴般的棕色"[2]。

另一个指代"驴"的梵语词汇是 rāsabha-，出现于吠陀时代（Vedic Age）中期（约公元前 1000 年）。在早期版本中，rāsabha- 专指野驴。在印度—伊朗神话体系中，野驴是牵引双马神"阿须云"（Aśvins）战车的动物。在梵语文献中，野驴与马是一对双胞胎，甚至有时以马（aśva-）的

---

[1] R. L. Turner, *A Comparative Dictionary of the Indo-Aryan Languages*, L., 1966, No.3823.

[2] J. L. Brockington, Righteous Rama, *The Evolution of An Epic*, Delhi, 1984, p.89.

名称出现，是技术高超的战车牵引者[1]。在《梨俱吠陀》中，双马神阿须云被要求用一头野驴（rāsabha-）牵引战车，那头拉车的野驴（rāsabha-）动作"迅捷"（vājin-）。在《梨俱吠陀》中，有一头驴在死亡之神焰摩天（Yama）处为双马神阿须云赢得数千场比赛。在《爱达雷耶梵书》（Aitareya-Brāhmaṇa）记录的另一场比赛中，双马神阿须云的驴车（gadabharatha-）战胜了火神的骡车、堕落之神尤撒（Uṣas）的牛车，以及因陀罗（战神和雷神）的马车。

虽然双马神阿须云是以"预言之神"的名义赢得比赛的，但野驴的奔跑能力的确比家马更出众。[2]动物学家曾对亚洲野驴的奔跑能力进行过测试，其速度、耐力都十分惊人。"当印度野驴受到惊扰时，它能以48—51千米的时速狂奔，直至进入广阔的盐漠中。阿里（Ali）记录的印度库奇兰恩（Kutch-Rann）野驴，是亚洲野驴中奔跑速度最慢的。据索洛马丁（Solomatin）观察，巴德希兹（Badkhys）地区的野驴奔跑时速为60—70千米，并在10千米内维持这一

---

[1] G. Zeller, *Die vedischen Zwillingsgötter: Untersuchung zur Genese ihres Kultes*, Wiesbaden, 1990, pp.109-112.

[2] W. Rau, A Note on the Donkey and the Mule in Early Vedic Literature, *The Adyar Library Bulletin*, Vol.44-45, 1980-1981, pp.179-189.

速度——或以 40—50 千米的时速奔跑更久。在伊朗，人们若要活捉一头雄性野驴，需要以 45—48 千米的时速持续追赶 45 分钟以上……"❶

三、驴之象征

印度河谷的古代居民很早就熟悉野驴，但家马、家驴出现的年代较晚，甚至家马的出现还要略早于家驴。公元前 1600 年，印度河谷的卡契（Kachi）平原已出现马骨和马的泥塑。学界认为，家马的出现与印度—雅利安人大举南下有关❷。据《梨俱吠陀》记载，早期雅利安人都是养牛、放马的畜牧或半游牧人群，他们用牛拉着四轮货车迁徙，时而"套上挽具"驾马远征，时而在水草丰美处安营扎寨。虽然四轮车辆已经出现，但此类马车都是轻型双轮战车，并不适合长途驾驶。学界推测，印度—雅利安人将战车拆卸后，会用牛车继续运输。目前发现的印度—雅利安人遗留的营地遗

---

❶ C. P. Groves, The Taxonomy, Distribution, and Adaptations of Recent Equids, R. H. Meadow, H. P. Uerpmann(eds.), *Equids in the Ancient World*, Wiesbaden: Ludwig Reichert Verlag, 1986, pp.11-65.

❷ ［英］安德鲁·鲁宾逊著，周佳译：《众神降临之前：在沉默中重现的印度河文明》，北京：中国社会科学出版社，2021 年，第 14 页。

址很少，可能与某些清理营地的习俗有关。据后吠陀时期的文献记载，印度—雅利安人在离开营地时，不会留下任何生活垃圾，即使是祭祀场所也会完全焚毁[1]。类似的习俗，在现代中亚游牧人群中仍有一定的保留[2]。

中吠陀时期文献提到一种与野驴有关的马祭活动。献祭仪式规定：需将3头野驴献祭给密特拉（Mitra），3头水牛献祭给水天（Varuṇa）——这也证实了双马神阿须云与野驴的关系：双马的原型一头是白色野驴，一头是黑色野驴[3]。此外，雅利安（Aryan）人还通过颜色来表示阶层：（1）白色代表最高统治者；（2）红色代表军人阶层；（3）黑、蓝色代表牧民和农民。[4] 乌兹别克斯坦学者阿斯卡洛夫（Askarov）认为，"三分世界观"是早期印欧人群拜火信

---

[1] [美] 米歇尔·维策尔、后藤敏文著，刘震译：《〈梨俱吠陀〉的历史背景》，《欧亚译丛》第二辑，北京：商务印书馆，2016年，第251—261页。

[2] 张弛：《公元前一千纪新疆伊犁河谷墓葬的考古学研究》，北京：科学出版社，2021年，第168页。

[3] A. Parpola, The Nāsatyas, the Chariot and Proto-Aryan Religion, *Journal of Indological Studies*, Nos.16&17, 2004-2005, pp.1-63.

[4] J. P. Mallory, *In Search of the Indo-European: Language, Archaeology and Myth*, London: Thames and Hudson, 1989, pp.130-135.

仰的重要特征。如在《阿维斯塔》中，阿娜希塔（Anahita）女神、阿胡拉·马兹达（Ahura Mazda）与密特拉（Mithras）被尊称为"三联神"（Triad），即典型的三分世界观体系❶。

公元前第二千纪中期，家驴已传入俾路支省和信德省交界的皮拉克（Pirak）及斯瓦特山谷（Swat Valley）。❷索斯沃斯（Southworth）指出，印度最早的家驴出现于卡纳塔克邦（Karnataka）胡勒（Hallur）地区，年代约为公元前1600年。❸受此影响，kaẓutay的词义开始由"野驴"转变为"家驴"。这一观点也得到环境考古学家的认可。从库奇兰恩至泰米尔南部的内德（Nadu）地区，分布着大片的盐漠和稀树草原，属于半干旱气候，至今仍是印度野驴的主要活动区域。同时，这里也是印度家驴的主要饲养地。

在梵文本《婆吒法经》（*Vasistha-Dharmasūtra*）中，使

---

❶ A. H. 丹尼、V. M. 马松著，芮传明译：《中亚文明史》第一卷，中国对外翻译出版公司、联合国教科文组织2002年，第350页。

❷ P. K. Thomas, Investigations into the Archaeofauna of Harappan Sites in Western India, Protohistory: Archaeology of the Harappan Civilization, S. Settar, R. Korisettar (eds.), *Indian archaeology in retrospect* 2, New Delhi, 2002, pp.409-420.

❸ F. C. Southworth, *Linguistic Archaeology of South Asia*, L., 2005, pp.269-270.

用 khara 一词来指代家驴。有学者认为，khara 可能来自古闪米特语（Semitic）。如马里城邦发现的阿卡德语词汇 hārum 或 ajarum，常用来指家驴。《婆吒法经》提及用三种不同毛色的家驴处罚跨种姓性关系的举措：[1]

（1）如果首陀罗男性和婆罗门女性发生性关系，他将会被墨草（Vīraṇa）包裹后，投入火中烧死。此婆罗门女性将被斩首，身体涂抹酥油，裸体绑在黑驴（kṛṣṇakhara）上游行示众。"通过这样的形式"，意味着"她恢复了清白之身"。

（2）如果吠舍男性和婆罗门女性发生性关系，他将会被红稻草包裹后，投入火中烧死。此婆罗门女性将被斩首，身体涂抹酥油，裸体绑在棕红驴（gaurakhara）上游行示众。"通过这样的形式"，意味着"她恢复了清白之身"。

---

[1] 古典印度社会的四个阶层：(1) 婆罗门阶层：宗教人士；(2) 刹帝利阶层：统治者和武士；(3) 吠舍：平民，工匠和商人；(4) 首陀罗：奴隶。这四个社会阶级在印度被称为"种姓制度"（varṇa），并与四种颜色相关：(1) 白色，(2) 红色，(3) 黄色或绿色，(4) 黑色。四个社会阶层也对应空间方位与级跨界：宇宙空间方向（东—南—西—北），季节（春—夏—秋—冬）等。在吠陀文本中，以三个种姓作为开端，首陀罗会被省略或被整合到吠舍阶层。

第六章　印度河谷的驴鸣

（3）如果刹帝利男性和婆罗门女性发生性关系，他将会被白草（Śara）包裹后，投入火中烧死。此婆罗门女性将被斩首，身体涂抹酥油，裸体绑在白驴[śvetakhara]上游行示众。"通过这样的形式"，意味着"她恢复了清白之身"。

（4）同样的惩罚适用于吠舍男性与刹帝利女性的不当性行为。

（5）以及首陀罗男性与刹帝利女性、吠舍女性。❶

以骑驴为惩罚方式的习俗，在印度一直延续到中古时期。据唐代高僧释道宣记载：玄奘游历印度南部时，当地高僧辩法失败，则要"乘驴，屎瓶浇顶，公于众中，形心折伏，然后依投，永为皂隶"❷。

在印度神话中，以驴为坐骑的神一般都是恶神。如披发獠牙的男神泥洹多（Nirṛta），常以手执法器、骑驴的形象出现。另外，恐怖女神吒猛达（Cāmundā）与瘟疫女神悉拉达

---

❶ P. Olivelle, *Dharmasūtra: The Law Codes of Āpastamba, Gautama, Baudhāyana, and Vasistha Annotated Text and Translation*, Delhi, 2000, p.437.

❷ （唐）释道宣：《续高僧传》，北京：中华书局，2014年，第114页。

（Śītalā）的坐骑，均为野驴（Gardabha）。❶

　　现代人曾尝试驯养印度野驴（Khur）并培育杂交驴种，皆以失败而告终。根据文献记载，印度河谷早期居民曾驯养过印度野驴，并培养出印度野驴与家马的杂交骡❷。罗马作家克劳狄俄斯·埃里亚努斯（Claudius Aelianus）（公元170—240年）所著《论动物的特性》载：在印度，刚出生的野马驹、野驴驹会被抓起来驯养，因为两岁以上的驹无法驯化。驯化的野驴会作为贡品进献给波斯王。上述记载转述自希腊历史学家麦加斯忒尼（Megasthenes），他曾于公元前300年以使者身份前往印度，并长期居住、游历于孔雀王朝都城华氏城（Pāṭaliputra），觐见过"东方之王"（Prācyāḥ）旃陀罗笈多（Chandragupta Maurya）。另据《骡子本生经》（Kharaputta-Jātaka）载，信德（Sindh）国王喜乘骡车，可能与希腊—罗马文化中的骡车习俗有关。2002年，西卡（Sica）等对庞贝（Pompeii）古城卡斯蒂阿曼蒂（Casti Amanti）附近马厩遗址出土的5具马科动物残骸进行

---

❶ ［德］施勒伯格著，范晶晶译：《印度诸神的世界——印度教图像学手册》，上海：中西书局，2016年，第124、151页。

❷ R. E. Hawkins (ed.), *Encyclopedia of Indian Natural History*, Delhi, 1986, p.26.

DNA 分析时，发现 CAV5 号骡子样本呈现出 G 世系家马与索马里野驴杂交的情况，说明利用野驴、家马培育杂交骡的活动确实存在[1]。

---

[1] S. M. Gurney, Revisiting Ancient mtDNA Equid Sequences from Pompeii, *Journal of Cellular Biochemistry*, 2010, 111(5), pp.363-364.

第 七 章

家驴入华

一、"奇畜"西来

我国先民对野驴的认知,至少可追溯至距今 8 万年的旧石器时代。在宁夏水洞沟遗址[1]、河南灵井旧石器晚期遗址等[2],均出土有破碎的野驴骨化石。对山西峙峪遗址 2.8 万年

---

[1] 宁夏文物考古研究所:《水洞沟——1980 年发掘报告》,北京:科学出版社,2003 年,第 12—33 页。

[2] 李占扬:《许昌灵井旧石器时代遗址 2006 年发掘报告》,《考古学报》2010 年第 1 期,第 73—100 页。

前野驴化石的分析表明，峙峪先民很可能是一群专业的"猎驴人"❶。在新疆吉木乃县通天洞遗址出土的野驴骨骼上，有明显的人工切割、敲击和灼烧痕迹，说明野驴是这一时期重要的肉食来源，同时也不排除通天洞人用野驴骨加工骨器的可能❷。至新石器时代，随着狩猎工具的不断进步，人类猎获的野驴数量急剧增多，如内蒙古大坝沟与庙子沟文化遗址❸、陕西木柱柱梁龙山晚期文化遗址❹、陕西东营仰韶—龙山时期遗址❺等，均出土了一定数量的野驴遗骨。通过动物考古分析，这一时期出土的驴骨均属于亚洲野驴（Equus hemionus）。

另外，我国出土驴骨的早期遗址点还有 3 处：（1）北京市昌平张营遗址，出土驴骨 2 件，分别是门齿和下颌骨，其

---

❶ 尤玉柱：《黑驼山下猎马人》，《化石》1977 年第 3 期，第 13—14 页。

❷ 新疆文物考古研究所、北京大学考古文博学院：《新疆吉木乃县通天洞遗址》，《考古》2008 年第 7 期，第 3—14 页。

❸ 黄蕴平：《庙子沟与大坝沟遗址动物遗骸鉴定报告》，《庙子沟与大坝沟》，北京：中国大百科全书出版社，2003 年，第 599—611 页。

❹ 杨苗苗、胡松梅等：《陕西省神木县木柱柱梁遗址羊骨研究》，《农业考古》2017 年第 3 期，第 13—18 页。

❺ 胡松梅：《高陵东营遗址动物遗存分析》，《高陵东营》，北京：科学出版社，2010 年，第 147—200 页。

中下颌骨残留砍痕，年代为夏商时期[1]；（2）甘肃省永靖县秦魏家齐家文化墓地，驴骨破碎严重，未进行统计，年代为公元前2183—前1630年[2]；（3）云南省耿马县石佛洞遗址，出土驴骨的具体情况不详，距今约3000年[3]。由于各种原因，上述驴骨均未进行种属鉴定，只能推测为亚洲野驴。

过去学界认为，商周时期我国北方已存在家驴和骡，并以1955年陕西眉县李村出土西周"盠驹尊"[4]、1985年山西灵石旌介出土商晚期"赢簋"[5]为例。从"盠驹尊"的铭文可知，这尊青铜重器与西周时期的"执驹礼"有关，涉及周代的"马政"问题，"骡驹之说"不能成立。而"赢簋"并无铭文内容，判断其为骡的依据仅是一幅手绘稿，"赢说"也难以立足。商周时期，我国北方家马的驯养已日趋成熟，

---

[1] 黄蕴平:《北京昌平张营遗址动物骨骼遗存的研究》,《昌平张营》,北京：文物出版社，2007年，第254—262页。

[2] 中国科学院考古研究所甘肃工作队:《甘肃永靖秦魏家齐家文化墓地》,《考古学报》1975年第2期，第57—96页。

[3] 何锟宇:《石佛洞遗址动物骨骼鉴定报告》,《耿马石佛洞》,北京：文物出版社，2010年，第354—363页。

[4] 张颔:《"赢簋"探解》,《文物》1986年第11期，第19—20页。

[5] 山西省考古所编:《灵石旌介商墓》,北京：科学出版社，2010年，第157页。

图 7.1

西周"盠驹尊"

但家驴和骡却无相关记载。当然,也存在自然条件下家马与野驴杂交的可能性,但这不能作为人工驯养家驴与培育骡的可靠证据。

在新疆地区,发现了年代较早疑似野驴的岩画和皮毛。2012 年,新疆文物考古研究所在哈巴河县哈拜汗墓地 M25 墓葬填土中,发现一块长条形岩石,其上刻有野驴图案。学界认为，M25 的年代约为公元前 8—前 6 世纪，而岩画年代要早于墓葬年代，大概在青铜时代晚期[1]。另外，且末县扎滚鲁克墓地 M2 木棚第三层覆盖物中，有一张疑似野驴皮的带毛整张皮革，长 2.5 米，宽 1.75 米[2]，年代约为公元前 8 世纪。

目前中国最早的家驴与骡的考古证据，来自内蒙古赤峰市井沟子墓地，其中 9 座墓葬中出土了家驴与骡的遗骨，年代为春秋晚期至战国前期[3]。另一处早期家驴的证据发现于新疆于田县圆沙古城遗址。1962 年，新疆生产建设兵团农一师勘测设计队曾在圆沙古城窑址附近发现大量兽骨和驴头骨，当时命名为"新聚落遗址"[4]。1994—2005 年，中

---

[1] 祁小山、王博编著：《丝绸之路·新疆古代文化（续）》，乌鲁木齐：新疆人民出版社，2016 年，第 337 页。

[2] 王炳华主编：《新疆古尸——古代新疆居民及其文化》，乌鲁木齐：新疆人民出版社，2002 年，第 74 页。

[3] 陈全家：《内蒙古林西县井沟子遗址西区墓葬出土的动物遗存研究》，引自内蒙古自治区文物考古研究所等编：《林西井沟子：晚期青铜时代墓地的发掘与综合研究》，北京：科学出版社，2010 年，第 315—377 页。

[4] 侯灿：《从麻扎塔格古戍堡看丝路南道走向与和田绿洲变迁》，引自陈华编：《和田绿洲研究》，乌鲁木齐：新疆人民出版社，1988 年，第 244—256 页。

图 7.2 哈巴河县哈拜汗墓地 M25 野驴岩画（《丝绸之路·新疆古代文化（续）》，2016）

法克里雅联合考察队在圆沙古城共获得驴骨标本69件，其中13件经鉴定为家驴遗骨，年代约为公元前250年[1]。林梅村、李零等认为，甘肃天水放马滩秦简已有"间"字的记载[2]，"间"即"驴"的通假字[3]，说明战国晚期秦人已了解家驴的习性。据《吕氏春秋·爱士》载："赵简子有两白骡而甚爱之。"[4] 桓宽《盐铁论·崇礼》曰："骡、驴、駃駼，北狄之常畜也。中国所鲜，外国贱之。"上述记载可与考古发现相互佐证。

在鄂尔多斯青铜器中，也有大量驴形的铜饰件，包括野驴与家驴的形象，年代在春秋战国时期。驴形饰件以衣饰、带饰、牌饰为主，多出土于内蒙古、宁夏和甘肃境内。此类驴形饰品集中出现于我国北方及西北地区，与家驴入华的时间及路径恰好吻合。

---

[1] 黄蕴平：《新疆于田县克里雅河圆沙古城遗址的兽骨分析》，《考古研究（七）》，北京：科学出版社，2007年，第532—540页。

[2] 甘肃省文物考古研究所编：《天水放马滩秦简》，北京：中华书局，2009年，第97—99页。

[3] 李零：《十二生肖中国年》，北京：生活·读书·新知三联书店，2021年，第14页。

[4] 许维遹撰，梁运华整理：《吕氏春秋集释》，北京：中华书局，2009年，第191—192页。

表 7—1　井沟子墓地随葬驴骨情况一览表

墓号	随葬驴骨部位	驴龄
M6	趾骨、肋骨	不详
M21	趾骨、胸骨	成年
M22	趾骨、头骨	未成年
M26	趾骨	不详
M32	趾骨、股骨、胫骨	1 岁以下
M33	趾骨	2—2.5 岁
M34	趾骨、股骨	1 岁以下
M46	趾骨、股骨	2—2.5 岁
M51	趾骨	不详

（一）内蒙古自治区

（1）双驴首形饰，出土于鄂尔多斯，长 2.4 厘米，宽 1.8 厘米，公元前 7—前 6 世纪。驴首横梁并联，耳、眼、鼻镂空，横梁见绑痕，应为衣饰[1]。（图 7.3）

（2）联珠驴首形饰，春秋晚期至战国早期，长 4.5—5.5 厘米，双圆扣连接，耳呈菱形，下端圆扣背面见竖钮，为腰

---

[1] 李文龙编著：《戎狄匈奴青铜文化——草原丝路文明》，北京：文物出版社，2017 年，第 72 页。

图 7.3　双驴首形饰　　　　　　　图 7.4　联珠驴首形饰

带饰物[1]。1974 年征集于鄂尔多斯，现藏内蒙古自治区文物考古研究院。（图 7.4）

（3）驴首形饰，春秋晚期至战国早期，长 4.3 厘米，1974 年征集于鄂尔多斯，现藏内蒙古自治区文物考古研究院。饰件造型上、下联珠，中部分列驴首，上、下圆扣背面见竖钮，为腰带饰物[2]。（图 7.5）

（4）驴首形饰，春秋晚期至战国早期，长 2.6—3.3 厘米，1974 年鄂尔多斯征集，现藏内蒙古自治区文物考古研

---

[1]《中国青铜器全集》编辑委员会：《中国青铜器全集·北方民族卷》，北京：文物出版社，2017 年，第 45 页，图 141。

[2]《中国青铜器全集》编辑委员会：《中国青铜器全集·北方民族卷》，北京：文物出版社，2017 年，第 46 页，图 143。

第七章　家驴入华

图 7.5 驴首形饰　　　　　　图 7.6 驴首形饰

究院。驴首造型上下、左右成对,背面见穿钮,作腰带饰物。❶（图 7.6）

（5）双驴首铜带扣,战国时期,长 6.0 厘米,宽 2.8 厘米,出土于鄂尔多斯地区。透雕双驴首造型,双耳及唇间相连,耳、鼻、口部皆镂空。❷（图 7.7）

（6）四驴纹铜牌饰,战国时期,长 4.5 厘米,宽 2.7 厘米,出土于鄂尔多斯地区。器物整体为长方形,边框内透雕两排俯身食草的驴。❸（图 7.8）

---

❶ 《中国青铜器全集》编辑委员会:《中国青铜器全集·北方民族卷》,北京:文物出版社,2017 年,第 46 页,图 144。

❷ 鄂尔多斯博物馆编:《农耕游牧·碰撞交融——鄂尔多斯通史陈列馆》,北京:文物出版社,2013 年,第 129 页。

❸ 鄂尔多斯博物馆编:《农耕游牧·碰撞交融——鄂尔多斯通史陈列馆》,北京:文物出版社,2013 年,第 136 页。

图 7.7　双驴首铜带扣　　　　　　图 7.8　四驴纹铜牌饰

（7）卧驴形铜坠饰，战国时期，长 2.7 厘米，宽 2.8 厘米，出土于鄂尔多斯地区。饰件作卧驴状，透雕。❶（图 7.9）

（8）虎食驴纹牌饰，长 9.6 厘米，宽 5.4 厘米，鄂尔多斯地区征集，公元前 4—前 3 世纪。饰件虎目圆睁，长尾垂卷，口衔驴颈。驴首下垂，身躯回弯，与扣环相连。前边框间有镂孔扣环，扣钩外凸，虎腿、尾间有双孔缝缀❷。（图 7.10）

（9）圆雕立驴青铜竿头饰，战国时期，长 8.9 厘米，高

---

❶ 鄂尔多斯博物馆编：《农耕游牧·碰撞交融——鄂尔多斯通史陈列馆》，北京：文物出版社，2013 年，第 157 页。

❷ 李文龙编著：《戎狄匈奴青铜文化——草原丝路文明》，北京：文物出版社，2017 年，第 135 页。

第七章　家驴入华　183

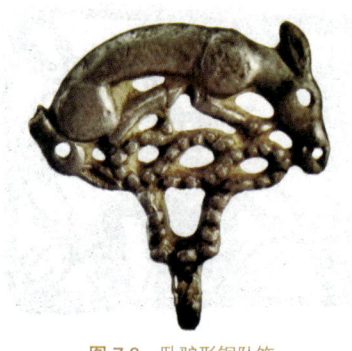

图 7.9　卧驴形铜坠饰　　　　　　　　　图 7.10　虎食驴纹牌饰

11.5 厘米，鄂尔多斯青铜器博物馆征集[1]。（图 7.11）

（10）双驴形青铜饰件，东周时期，长 10 厘米，宽 6.5 厘米，鄂尔多斯青铜器博物馆征集[2]。（图 7.12）

（11）团驴形带扣，长 3.5 厘米，宽 2.8 厘米，年代为公元前 3 世纪，出土于锡林郭勒盟。驴身蜷曲，前后肢上下叠压，驴身团形成扣钩[3]。（图 7.13）

（12）四驴首形饰，长 3.2 厘米，宽 1.8 厘米，出土于赤

---

[1] 秦始皇帝陵博物院编：《萌芽・成长・融合——东周时期北方青铜文化臻萃》，西安：三秦出版社，2012 年，第 142 页。

[2] 秦始皇帝陵博物院编：《萌芽・成长・融合——东周时期北方青铜文化臻萃》，西安：三秦出版社，2012 年，第 218 页。

[3] 李文龙编著：《戎狄匈奴青铜文化——草原丝路文明》，北京：文物出版社，2017 年，第 114—115 页。

图 7.11　圆雕立驴青铜竿头饰

图 7.12　双驴形青铜饰件

图 7.13　锡林郭勒盟出土团驴形带扣

图 7.14　赤峰出土四驴首形饰

峰，公元前 6—前 5 世纪。四驴首相连，驴耳竖立，圆环形眼，唇部宽大，背部见穿钮[1]。（图 7.14）

---

[1] 李文龙编著：《戎狄匈奴青铜文化——草原丝路文明》，北京：文物出版社，2017 年，第 72 页。

第七章　家驴入华　185

（二）宁夏回族自治区

（1）光芒纹双驴首带扣，长6厘米，宽5厘米，出土于固原地区，公元前7—前6世纪。双驴首位于带扣两侧，长耳竖立，耳间见放射状光芒圆饰，唇间由横梁连接成扣，其上有钩形突起[1]。（图7.15）

（2）双驴首带扣，长3.6厘米，宽2.2厘米，出土于固原地区，公元前7—前6世纪。驴首间有横梁相连，眼、鼻为圆形镂孔，双耳修长，向上竖立，唇部方梁相连，作环扣状[2]。（图7.16）

（3）虎噬驴纹带饰，战国时期，长3.7厘米，宽8.2厘米，1976年出土于固原杨朗墓地，现藏宁夏回族自治区博物馆[3]。牌饰整体透雕，猛虎张口噬驴颈部，驴身翻转扭曲。同墓共出土2件，构图相同，左右对称，一件有长方形镂孔，另一件有扣针，二者配套使用[4]。（图7.17）

---

[1] 李文龙编著：《戎狄匈奴青铜文化——草原丝路文明》，北京：文物出版社，2017年，第112页。

[2] 李文龙编著：《戎狄匈奴青铜文化——草原丝路文明》，北京：文物出版社，2017年，第114—115页。

[3] 《中国青铜器全集》编辑委员会：《中国青铜器全集·北方民族卷》，北京：文物出版社，2017年，第34页，图105。

[4] 许成、董宏征：《宁夏历史文物》，银川：宁夏人民出版社，2006年，第212页。

图 7.15 固原出土光芒纹双驴首带扣 　　　　图 7.16 固原出土双驴首带扣

图 7.17 固原出土虎噬驴纹带饰

第七章 家驴入华　187

（三）甘肃省

双驴形饰，共 3 件，长 3.2 厘米，宽 2.7 厘米，出土于甘肃陇西地区，年代为公元前 7—前 6 世纪。三件饰品双驴呈立状，上下叠压，驴目圆睁，口微张，双耳突出，背部有双钮，作衣饰使用[1]。（图 7.18）

图 7.18　甘肃陇西出土双驴形饰

---

[1] 李文龙编著：《戎狄匈奴青铜文化——草原丝路文明》，北京：文物出版社，2017 年，第 85 页。

关于家驴与骡的入华时间，前人已有关注。明清之际，顾炎武曾提出"先秦无家驴"的观点，并在《日知录》卷19中指出："自秦以上，传记无言驴者。"清人段玉裁赞同此说："'驴、骡'太史公皆谓为匈奴奇畜，本中国所不用，故字皆不见经传，盖秦人造之耳。"[1] 据《逸周书·王会》载："正北空同、大夏、莎车、姑他、旦略、豹胡、代翟、匈奴、楼烦、月氏、孅犁、其龙、东胡，请令以橐驼、白玉、野马、騊駼、駃騠、良弓为献。"[2] 由杜笃《论都赋》"驱骡驴，驭宛马，鞭駃騠"可知[3]，"駃騠"一词最初并非指骡或家驴。《尔雅·释畜》曰："騉蹄趼，善陞甗"，"騉蹄"与"駃騠"当为音假，源自印度—伊朗语 kaẓutay 或苏美尔语 kúnga-níta，应指野驴或一种野驴与家驴的杂交种。《说文系传》载："史曰燕王食苏秦以駃騠。"《说文义证》又云："燕王食乐毅以駃騠。"北方民间至今仍有"宁死不吃骡肉"之说，说明骡肉难吃，无法下咽。燕王用骡肉招待乐毅、苏秦是不合

---

[1] 段玉裁注：《说文解字注》，郑州：中州古籍出版社，2006年，第246页。

[2] 黄怀信、张懋镕、田旭东撰，李学勤审定：《逸周书汇校集注》，上海：上海古籍出版社，1995年，第980—983页。

[3] 《后汉书·文苑列传》，第2600页。

常理的。若为突出重视之意,所谓"天上龙肉,地下驴肉",燕王用驴肉款待苏秦、乐毅更为可信,加之驴数量稀少,亦显示出燕王对苏秦、乐毅的重视程度。

汉代之后,"駃騠"逐渐特指家驴与家马的杂交种——驴骡。东汉《说文解字》曰:"骡,驴父马母者也。駃騠,马父驴母者也。"❶《索隐》《说文》云"駃騠,马父骡子也"❷,即雄马、母驴结合的驴骡。一般情况下,马骡的受胎率为70%—80%,而驴骡的受胎率为30%,且骡驹易患溶血病(发病率高达30%以上,死亡率高达100%)❸。驴骡的患病率比马骡高数倍,因此驴骡比马骡稀少,价格奇高,更是一种身份的象征。《太平御览》卷356载,董卓溺爱其孙,"为作小铠胄,使骑駃騠马,与玉甲一具。俱出入,以为麟驹凤雏,至杀人之子,如蚤虱耳"❹。

---

❶ 段玉裁注:《说文解字注》,郑州:中州古籍出版社,2006年,第469页。

❷ 《史记·匈奴列传》,第2879页。

❸ 所谓溶血病是一种特殊的生物现象,马、驴杂交会产生一种抗原物质传给骡驹,这种抗原刺激母本会产生对应的溶血素,并通过血液进入母乳中,特别是初乳含量更高,骡驹吃后会出现红细胞溶解和破坏的症状,导致骡驹因溶血性黄疸而死亡。

❹ 李昉等撰:《太平御览》,北京:中华书局,1960年,第1635页。

综上所述，家驴入华的时间大致在春秋时期，早期的驯养区域主要分布于长城沿线的草原农牧交错带、塔里木盆地南缘的绿洲区域。史籍记载的域外家畜与动物的传入年代，一般要晚于实际传入的时间，例如：（1）荆州鸡公山 M249 号墓出土战国驼形灯，双峰驼立于方座之上，背部装一圆柱柄灯盘[1]；（2）咸阳秦始皇陵西 QLCM1 大型陪葬墓出土单体双峰金骆驼。双峰驼主要分布于中亚、新疆及蒙古高原一带，最早于公元前 3000 年被驯化，其野生种被称为"巴克特里亚野骆驼"（khavtagais）[2]。在《史记》中，家驴、骆驼均被司马迁称为"匈奴奇畜"，在西汉时期十分珍贵。而此盏铜灯和金骆驼的年代均在战国时期，表明战国时期中原已与我国北方草原地区有着密切的物质文化交流，工匠才有可能对其进行艺术创作。

二、天子之宠

西汉初期，家驴作为外来物种，因其数量稀少而价值

---

[1] 深圳南山博物馆、荆州博物馆编：《南有嘉鱼——荆州出土楚汉文物展》，北京：文物出版社，2020 年，第 121 页。

[2] ［俄］库兹米娜著，李春长译：《丝绸之路史前史》，北京：科学出版社，2015 年，第 53—57 页。

连城❶。据西汉陆贾《新语》载："夫驴、骡、骆驼、犀、象、玳瑁、琥珀、珊瑚、翠羽、珠玉，山生水藏，择地而居"❷，表明家驴、骡是与犀角、象牙、珍珠、玉石并列的稀世之物。2001年，陕西省考古研究院在咸阳市汉昭帝平陵的随葬坑中，发现10具完整的驴骨遗骸。值得注意的是，10头驴颈部均有锁链，而随葬的33匹骆驼、11头黄牛未见此现象❸。司马相如在《上林赋》中提到："其北则盛夏含冻裂地，涉冰揭河，其兽则麒麟角端，騊駼橐驼，蛩蛩驒騱，駃騠驴骡"❹，证明汉代皇家园林内饲养驴骡的事实❺。至于汉代皇家的狩猎活动，是否也有猎获野驴的内亚传统，还需要进行深入的研究。

❶ 郭郛等：《中国古代动物学史》，北京：科学出版社，1999年，第381—384页。

❷ 陆贾著，王利器撰：《新语校注》，北京：中华书局，1986年，第23页。

❸ 袁靖：《动物考古学揭秘古代人类和动物的相互关系》，《西部考古》第2辑，西安：三秦出版社，2007年，第82—95页。王子今：《论汉昭帝平陵丛葬驴的发现》，《南都学坛》2015年第1期，第1—5页。

❹ 《史记·司马相如列传》，第3025页。

❺ 袁靖：《动物考古学揭密古代人类和动物的相互关系》，《西部考古》第2辑，西安：三秦出版社，2007年，第94页。

据《史记·匈奴列传》载，匈奴"其畜之所多则马、牛、羊，其奇畜则橐驼、驴、骡、駃騠（jué tí）、騊駼（táo tú）、驒騱（tuó xí）"[1]。汉语"驴"的读音或源于原始蒙古语 *eljige/n，即苏美尔语中的"小型家驴"dúsu 或 dusú-níta。何承天《纂文》释曰："驴，一名漠骊，其子曰驘。"[2] 现代汉语"毛驴"的称谓，即由"漠骊"演化而来。在内蒙古呼伦贝尔市哈克遗址第5、6层中，出土了家驴的骨骸，年代约为汉晋时期[3]。山东邹县王屈村东汉墓中，出土有驴虎搏斗画像石，其画风与斯基泰艺术较为相似[4]，体现出家驴入华的欧亚草原背景。

由于匈奴人很早就掌握了家驴的驯养，因此利用驴、马杂交培育出善走的骡种。据《汉书·霍去病传》载，汉匈交锋时，"单于视汉兵多，而士马尚强，战而匈奴不利，薄

---

[1] 《史记·匈奴列传》，第2879页。

[2] 何承天：《纂文》，马国翰辑：《玉函山房辑佚书》卷6，扬州：江苏广陵古籍刻印社，1990年，第99页。

[3] 中国社会科学院考古研究所：《哈克遗址——2003—2008年考古发掘报告》，北京：文物出版社，2010年，第190—200页。

[4] 山东省博物馆、山东省文物考古研究所编：《山东汉画像石选集》，济南：齐鲁书社，1982年，图240。

莫，单于遂乘六骡，壮骑可数百，直冒汉围西北驰去"。颜师古注曰："骡者，驴种马子，坚忍。单于自乘善走骡，而壮骑随之也。"[1] 上述史料中匈奴单于所乘"六骡"车，与中原地区"天子驾六"制度一致，均是由6匹牲畜牵引驾辇。《资治通鉴》引《晋诸公赞》曰："刘禅降，乘骡车，诣邓艾。"可见乘坐骡车是一种高贵身份的象征。同一时期的希腊—罗马贵族也流行乘坐骡车或骑骡。据《圣经》记载，所罗门王的坐骑就是大卫王的骡子。14世纪，住在阿维尼温（Avignon）的教皇也喜欢骑骡出行。

白骡，是各色骡子中的极品。据《吕氏春秋》载："赵简子有两白骡，而甚祆戬。阳城疸渠㝄，黄门之官，夜款门而谒曰：'主君之臣胥渠有疾，医教之曰：得白骡肝，病则止。不得则死。'谒者入通，董安于御于侧，慍曰：'嘻！胥渠也，欺君，请即刑焉。'简子曰：'夫杀人以活畜，不亦不仁乎？杀畜以活人，不亦仁乎？'于是令庖人杀白骡取其肝，以与阳城疸渠㝄。无几何，赵兴兵而攻翟。黄门之官左七百人右七百人，皆先登而获甲首。"[2] 赵简子"杀骡活士"的典

---

[1] 《汉书·霍去病传》，第2484页。

[2] 许维遹撰，梁运华整理：《吕氏春秋集释》，北京：中华书局，2009年，第191—192页。

故，虽意在强调"爱士"，却也间接反映出白骡的珍贵程度。据《开天传信记》载：唐玄宗欲登封泰山，"益州进白骡至。洁朗丰润，权奇伟异，上遂亲乘之。柔习安便，不知登降之倦。告成礼毕，复乘而下。才下山坳，休息未久，而有司言白骡无疾而殪。上叹异之，谥曰：'白骡将军'，命有司具椟，叠石为墓，在封禅坛北一里余"[1]。15世纪，英格兰红衣大主教沃尔西（Cardinal Wolsey）常乘骑装饰华丽的白骡，招摇过市。

传世史料常提及西域盛产驴、骡等家畜。如《汉书·常惠传》载：乌孙大破匈奴，"得马牛驴骡橐佗五万余匹，羊六十余万头"。[2] 且末，"多牛羊骡驴"[3]。《汉书·西域传》载，西域"大头痛、小头痛之山"，"令人身热无色，头痛呕吐，驴畜尽然"。《汉书·西域传》载：鄯善"民随畜牧逐水草，有驴马，多橐它"。[4] 斯坦因在楼兰故城编号 L.A.VI.ii

---

[1] （唐）郑綮撰：《开天传信记》，《唐五代笔记小说大全》，上海：上海古籍出版社，2000年，第1223页。

[2] 《汉书·常惠传》，第3004页。

[3] 《梁书·西北诸戎传》，第1986页。

[4] 《汉书·西域传》，第3876页。

垃圾堆中，曾发现大量驴骨、骆驼骨。[1] 近年，在楼兰故城（L.A.）"三间房"遗址附近出土驴跟骨2枚，距骨1枚，臼齿1枚，骨骼表面保留有切割、砍砸痕迹，表明驴不仅作为驮畜使用，还是重要的肉食来源[2]。《后汉书·耿恭传》载："建初元年正月，会柳中击车师，攻交河城，斩首三千八百级，获生口三千余人，驼、驴、马、牛、羊三万七千头，北房惊走，车师复降。"[3] 有趣的是，在耿恭驻守过的东汉疏勒城（今新疆奇台县石城子遗址）出土了完整的驴后肢骨骸，报告认为"遗址中发现的驴也应承担了当时的驮运工作"[4]。

另外，西域出土文献中也有涉及驴、骡的信息记录。尼雅遗址出土汉晋时期佉卢文简牍中，对驴、骡多有提及。家

---

[1] ［英］斯坦因著，肖小勇、巫新华译：《路经楼兰》，南宁：广西师范大学出版社，2020年，第59页。

[2] 魏东：《罗布泊腹地的旅人》，北京：社会科学文献出版社，2020年，第77—78页。王春雪、吕小红：《楼兰故城三间房遗址2014年发现的动物骨骼遗存初步研究》，《边疆考古研究》第27辑，北京：科学出版社，2020年，第425—443页。

[3] 《后汉书·耿恭传》，第722页。

[4] 新疆维吾尔自治区文物考古研究所编著：《新疆石城子遗址（二）》，北京：科学出版社，2023年，第271页。

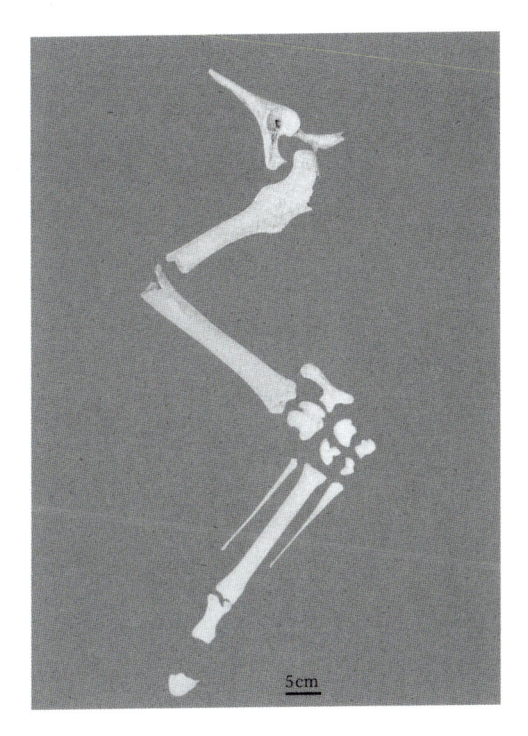

图 7.19　新疆奇台县石城子遗址出土驴骨（引自《新疆石城子遗址（二）》，第 274 页）

驴，佉卢文写作 vaḍ'avi，且尤指牝驴[1]。如下文所示：

（1）楔形双牍，遗物编号 N. I. i. 15 + 107："布瞿（Puǵo）禀报我等，其牧场中有母驴及马。有人前去该处行

---

[1] A. M. Boyer, E. J. Rapson, and E. Senart, transcribed and edited, *Kharoṣṭhī Inscriptions: Discovered by Sir Aurel Stein in Chinese Turkestan*, Part I, Oxford: Clarendon Press, 1920, pp.5, 62, 83.

第七章　家驴入华　197

猎并伤及驴马，而该处并有些酥油失踪。"❶

（2）楔形双牍，遗物编号 N. I. iv. 135 + 117："彼等正伤及众马及牝驴，（致使其）跛足（且）无法驮载（其货物）。伤害马匹及牝驴之事显属非法。彼等不得伤害 kisana 与 segani。当此印封之楔牍传至你等之处，须阻止彼等之行事，以使其不伤害牝驴与马群。"❷

（3）楔形底牍，遗物编号 N. IV. xiv. 1："现下于本处，乌波格耶（Opǵeya）申诉说，伽克（Kaḱe）与黎贝（Lýipe）放纵其牝驴在彼所有之 miṣi 地里饲养。苏毗人（Supi）曾从那里将牲畜掠走。现下彼等正就该牝驴事起诉他。"❸

（4）39 号文书封牍背面第一行："黎贝耶理应向迦波格耶诸奴仆索取三岁之牝骡一匹或三岁之牝马一匹，而养女则完全为彼等所有。"❹

---

❶《古代和田》第一卷，第 386、390 页。《佉卢文题铭》第一卷，第 5 页。

❷《古代和田》第一卷，第 394 页。《佉卢文题铭》第一卷，第 62 页。

❸《古代和田》第一卷，第 399 页。《佉卢文题铭》第一卷，第 83 页。

❹ 林梅村：《沙海古卷——中国所出佉卢文书》，北京：文物出版社，1988 年，第 52 页。刘文锁：《沙海古卷释稿》，北京：中华书局，2007 年，第 74 页。

"佉卢文"一词源自梵语 Kharoṣṭhi，由 Khara（毛驴）和 Oṣtha（嘴唇）两词组合而成，直译为"驴唇文"。"驴唇仙人"是古代印度神话中的一位圣人。据《大方等大集经·星宿品第八》"驴唇仙人雪山服仙药成长"条载：

> 王有夫人，多贪色欲。王既不幸无处遂心，曾于一时游戏园苑，独在林下止息自娱，见驴命群根相出现，欲心发动脱衣就之，驴见即交遂成胎藏。月满生子头耳口眼悉皆似驴，唯身类人而复粗涩，骔毛被体与畜无殊。夫人见之心惊怖畏，即便委弃投于屏中，以福力故处空不坠。时有罗刹妇名曰"驴神"，见儿不污念言福子，遂于空中接取洗持，将往雪山乳哺畜养，犹如己子等无有异，及至长成教服仙药，与天童子日夜共游。复有大天亦来爱护此儿，饮食甘果药草身体转异，福德庄严大光照耀。如是天众同共称美，号为佉卢虱吒大仙圣人。以是因缘，彼雪山中并及余处，悉皆化生种种好华、种种好果、种种好药、种种好香、种种清流、种种和鸟，在所行住并皆丰盈。以此药果资益因缘，其余形容粗相悉转身体端正，唯唇似驴，是

故名为驴唇仙人。❶

"驴唇仙人",即佛教典籍中的"佉卢仙人"。隋代《佛本行集经》载:"尊者阇黎教我何书?或复梵天所说之书(今婆罗门书正十四音是),佉卢虱吒书(隋言驴唇),富沙迦罗仙人说书(隋言草果)……凡有六十四种。"唐代吉藏撰《百论疏》云:"昔有梵王在世,说七十二字以教世间,名传楼书。世间敬情渐薄,梵王贪吝心起,收取吞之。唯阿、沤两字从口边堕地。世人贵之,以为字王。故取沤字置四《韦陀》首,以阿字置《广主经》初……《毗婆沙》云:瞿毗婆罗门造梵书,佉卢仙人造佉卢书,大婆罗门造皮陀论。"❷ 段成式《酉阳杂俎》也提及"驴唇"之说:"西域有驴唇书、莲叶书、节分书、大秦书、驮乘书、牸牛书、树叶书、起尸书、石旋书、覆书、天书、龙书、鸟音书等,有六十四种。"❸

---

❶ 《大正新修大藏经》第 13 册,第 274 页中栏。

❷ 林梅村:《沙海古卷——中国所出佉卢文书》,北京:文物出版社,1988 年,第 1—3 页。

❸ (唐)段成式撰,张仲裁译注:《酉阳杂俎》,北京:中华书局,2020 年,第 444 页。

由于西域各绿洲大量饲养驴、骡，因此西域与中原的交通常以驴骡为驮畜。《汉书·西域传》"康居国"条提到："敦煌、酒泉小郡及南道八国，给使者往来人马驴橐驼食，皆苦之。"[1] 李广利伐大宛，由大量驴、骡组成后勤补给队，"岁余而出敦煌者六万人，负私从者不与。牛十万，马三万余匹，驴骡橐它以万数"[2]。李广利获得汗血宝马后，汉武帝"发酒泉驴橐驼负食，出玉门迎军"[3]。西汉时期，中原地区对于家驴的需求量旺盛，促进了西域与中原间的家驴贸易。《盐铁论·力耕》载："是以羸驴馲駞，衔尾入塞"[4]，可见丝绸之路商贸的兴盛。敦煌马圈湾汉简记有"驴五百匹驱驴士五十人之蜀"等内容。另有汉简提及"乌孙女"[5]与"莎车贵人"[6]献驴之事，均涉及西域与中原的家驴交易活动。此外，居延汉

---

[1] 《汉书·西域传》，第3892页。

[2] 《史记·大宛列传》，第3176页。

[3] 《汉书·西域传》，第3913页。

[4] 王利器：《盐铁论校注》，北京：中华书局，1992年，第28页。

[5] 吴礽骧、李永良、马建华释校：《敦煌汉简释文》，兰州：甘肃人民出版社，1991年，第202页。

[6] 张俊民：《简牍学论稿——聚沙篇》，兰州：甘肃教育出版社，2014年，第357页。

简还有"西海轻骑张海马三匹驴一匹"的内容,说明在边塞屯田的汉军已开始役使家驴。❶

驴在汉代西域文化中的形象并不明晰;但骡的形象似乎不佳,带有贬义。据《汉书·西域传》载,龟兹王绛宾,一心倾慕中原文化,娶乌孙昆弥翁归靡与汉朝解忧公主之女弟史为妻。他模仿汉朝制度,"治宫室,撞钟鼓,出入传呼,用汉礼仪"。绛宾的举动,遭到当地守旧势力的嘲讽:"驴非驴,马非马,若龟兹王,所谓赢也。"❷《资治通鉴》引《汉书》曰:"高昌性难伏,乃作歌曰:'驴非驴,马非马。'言高昌似骡也。"此处"高昌"即指位于吐鲁番盆地的车师。历史上匈奴与汉"五争车师",车师弱小,在汉匈间首鼠两端,自然落得"里外不是人",被骂作"非驴非马"也就不奇怪了。

东汉时期,家驴已在我国北方地区普及,成为一种常见的家畜。《后汉书·西羌传》载,汉军与迷唐、沈氏、巩唐、烧何、先零等诸羌作战,掳获"马牛羊驴骡八九百万头",

---

❶ 林梅村:《家驴入华考——兼论汉代丝绸之路上的粟特商队》,《欧亚学刊》第 7 辑,北京:商务印书馆,2018 年,第 90 页。

❷ 《汉书·西域传》,第 3916 页。

可见驴、骡已十分常见。蜀地张楷"家贫无以为业","常乘驴车至县卖药"[1];孝子戴良"母喜驴鸣","常学之以娱乐焉"[2];河内向栩"或骑驴入市","乞匃于人"[3]。上述典故说明,驴已从"天子之宠"走入"寻常百姓家"。陕西历史博物馆藏陕北出土东汉画像石中,有大量家驴劳作的场面。甘肃平凉博物馆藏汉代姜黄釉骑驴俑,一老者骑坐驴背,双手扶于驴颈部,驴并蹄而立,双耳竖直,驴唇上扬,形象滑稽,充分反映出乡野村夫骑驴出行的生活场景。

东汉章帝时期,驴价每况愈下,以至于汉章帝"驴辇"出行,被视作节俭爱民的表现——"更用驴辇,岁省费亿万计,全活徒士数千人"[4]。汉灵帝喜好乘坐白驴车,结果落得骂名。《汉书·孝灵帝纪》载,"又驾四驴,帝躬自操辔,驱驰周旋,京师转相仿效"[5]。《续后汉书·五行志》曰:"灵帝于宫中西园驾四白驴,躬自操辔驱驰周旋,以为大乐。于是

---

[1]《后汉书·张楷传》,第1243—1244页。

[2]《后汉书·逸民列传》,第2773页。

[3]《后汉书·独行列传》,第2693页。

[4]《后汉书·邓禹传附子训传》,第608页。

[5]《汉书·孝灵帝纪》,第346页。

公卿贵戚转相仿效，至乘辎軿以为骑从；互相侵夺，价与马齐……夫驴乃服重致远，上下山谷，野人之所用耳，何有帝王君子而骖服之乎。迟钝之畜，而今贵之。天意若曰：国且大乱，贤愚倒植，凡执政者皆如驴也。其后董卓陵虐王室，多援边人以充本朝，胡夷异种，跨蹈中国。"❶

灵帝喜爱白驴，除白驴物以稀为贵外，可能还与欧亚草原"尚白"的文化因素有关。但中国史官常将驴视作"山野之物"，甚至将马、驴地位的改变视为"国且大乱"的征兆，应是"动物形象政治化"的一种表现。

将驴与马相比较的艺术手法，西汉时期即已出现。《史记·日者列传》载："故骐骥不能与罢驴为驷，而凤凰不与燕雀为群，而贤者亦不与不肖者同列……公之等喁喁者也，何知长者之道乎！"骐骥为马，象征君子、贤者，驴则成为"不肖者"与"喁喁者"，被世人视为品行低劣之物。汉初贾谊《吊屈原赋》曰："腾驾罢牛，骖蹇驴兮；骥垂两耳，服盐车兮"❷，也用"蹇驴"取代"骖马"暗喻小人排挤贤士。

---

❶《后汉书·五行志》，第 3272 页。
❷《史记·屈原贾生列传》，第 2493 页。

图 7.20
平凉博物馆藏汉代姜黄釉骑驴俑

王褒《楚辞·九怀·株昭》的"蹇驴服驾兮,无用日多"❶与《楚辞·东方朔》的"驾蹇驴而无策兮,又何路之能极"❷,均

❶ 洪兴祖撰,白化文点校:《楚辞补注》,北京:中华书局,1983年,第297页。

❷ 洪兴祖撰,白化文点校:《楚辞补注》,北京:中华书局,1983年,第254页。

第七章　家驴入华

采用了相同的比喻手法，以达到"借物咏志"的目的。

东汉中后时期，佛教逐渐传入中原。在佛教经典中，驴多以"丑陋"形象示人，对于驴形象的文化重塑亦有一定的影响。如《经律异相》卷二九收录《杂譬喻经》"驴首王食雪山草药得作人头十三"条载："昔有国王，人身驴首。佛语国王，雪山有药，名曰上味。王往食之，可复人头。王往雪山，择药唊之，遂头不改。王还白佛：何乃妄语？佛白王言：莫简草药，自复人头。王复到山，山中生者，皆自除病，不复简择，唊一口草，即复人头。"[1] 驴首人身代表"病态"，说明驴的形象是负面的，这与古代南亚的文化传统是一致的。

---

[1] 《大正新修大藏经》第53册，第159页上栏。

第 八 章

驴骡驰逐

一、丝路胡商

中古时期的丝路贸易十分兴盛，商队多用驴、骡、骆驼驮运货物。《周书·吐谷浑传》载：魏废帝二年（553年），凉州刺史史宁率轻骑"袭之于州西赤泉"，"获其仆射乞伏触扳、将军翟潘密、商胡二百四十人、驼骡六百头、杂彩丝绢以万计"。[1] 大量考古图像也佐证了中古商队的驮畜情况。

---

[1]《周书·吐谷浑传》，第913页。

图 8.1　史君墓石椁丝路商队画面（引自《西安北周凉州萨保史君墓发掘简报》，图版 37）

如北周史君墓石椁西壁第三幅下部的商旅行进图中，右下角见 2 匹马、1 头驴驮货并行的画面。（图 8.1 左）。石椁北面第一幅画面（N1）下部是商旅休憩图（图 8.1 右），其中有

图 8.2

安伽墓石椁商队画面

(引自《西安北周安伽墓》,图 29)

2 头驮载货物的家驴。❶ 北周安伽墓石棺床后屏左边第五幅下部(图 8.2),绘有 3 位长袍胡商,身后有 2 头带驮囊的驴,

---

❶ 西安市文物保护考古所:《西安北周凉州萨保史君墓发掘简报》,《文物》2005 年第 3 期,图版 37。

构图与史君墓石椁北壁第一幅相似，均表现了粟特商队的真实形象[1]。

在中古时期，家驴的商业作用要超过骆驼。由于骆驼单价昂贵，饲养成本过高，商人会首选家驴作为运输工具。驴的承重能力优秀，耐饥渴苦辛，对饲料要求低，能驮载各类货物跋山涉水。以敦煌莫高窟为例，其壁画中商队使用家驴的图像远多于骆驼。莫高窟第296窟顶北披东段北周壁画《福田经变》中，一位胡商驱赶2头驮着货物的家驴[2]，上面一栏则描绘商人休息、驴马饮水的场景[3]。同窟顶东披所绘壁画《贤愚经》中，有商客牵引驴马的画面[4]。莫高窟第420窟顶东披上部隋代壁画《观世音菩萨普门品》中，一队客商

---

[1] 陕西省考古研究所：《西安发现的北周安伽墓》，《文物》2001年第1期，第16—17页，图27。陕西省考古研究所：《西安北周安伽墓》，北京：文物出版社，2003年，第32页，图29，图版57。

[2] 史苇湘：《敦煌莫高窟中的〈福田经变〉壁画》，《文物》1980年第9期，第44—48页。

[3] 敦煌文物研究所编：《中国石窟·敦煌莫高窟》一，北京：文物出版社，1982年，图189。

[4] 马德编：《敦煌石窟全集》26《交通画卷》，上海：上海人民出版社，2001年，第20—21页。

正赶着众多驮载货物的驴、驼,翻山越岭❶。莫高窟第 45 窟南壁唐代壁画《胡商遇盗图》中,由 6 位胡商 2 头毛驴组成的商队在山中遭遇强盗,胡商与驴皆现惊惧神色❷。上述壁画均从侧面反映出丝路商队以家驴作为主要驮畜的事实。

由于丝路贸易昌盛,西域许多地名亦与驴、骡有关。如西域地名"乏驴岭",应与中古时期商队路线息息相关。《新唐书·地理志》载:"别自罗护守捉西北上乏驴岭,百二十里至赤谷。又出谷口,经长泉、龙泉,百八十里有独山守捉。"❸《新疆图志》卷八十三引《唐地志》:"纳职县西三百九十里罗护守捉,西北上乏驴岭,百二十里至赤谷,又经长泉、龙泉,百八十里至独山守捉。"❹ 纳职(Lapquk),于阗语作 Dapācī,德藏回鹘文书 U 5231(SUK Lo 06)作

---

❶ 贺世哲编:《敦煌石窟全集》7《法华经画卷》,上海:上海人民出版社,2000 年,第 33 页,图 18。

❷ 葛承雍:《中古时代胡人的财富观》,《丝绸之路研究集刊》第一辑,北京:商务印书馆,2017 年,第 8 页。

❸ 《新唐书·地理志》,第 1043 页。

❹ 钟兴麒编著:《西域地名考录》,北京:国家图书馆出版社,2008 年,第 282 页。

napčïq[1]，明清时期称"剌木城""剌术""拉布楚喀"等，位于今哈密市五堡乡境内。据王炳华考证，"乏驴岭"在今新疆哈密市七角井西北的峡谷中，是沟通天山南北的重要通道，也是唐代北庭都护府前往敦煌的必经之路[2]。

吐鲁番文书中有大量唐代商旅往来通行的记录，其中部分详细列出了驴的数量。如64TAM29出土《唐垂拱元年（685）康义罗施等请过所案卷》记录的商队牲畜，合计有马1匹、骆驼2峰、驴26头，可见家驴的数量远超其他驮畜。77TAM509所出《唐开元二十年（732）瓜州都督府给西州百姓游击将军石染典过所》提及"上件人肆，驴拾"，也是驴的数量最多[3]。沙武田对12份吐鲁番出土唐代过所文书进行研究[4]，发现从安西四镇至长安的胡汉商队中：马21匹、

---

[1]〔日〕山田信夫著，小田寿典、Peter Zieme、梅村坦、森安孝夫编：《回鹘文契约文书集成》，吹田：大阪大学出版会，1993年，编号RH03，第71页，图版58。

[2] 有学者认为"乏驴岭"在鄯善县东北与木垒县交汇处的高泉（沟川）达坂。详见王炳华：《西域考古文存》，兰州：兰州大学出版社，2010年，第72页。

[3]《吐鲁番出土文书》第9册，第40—43页。

[4] 沙武田：《丝绸之路交通贸易图像——以敦煌画商人遇图为中心》，《丝绸之路研究集刊》第一辑，北京：商务印书馆，2017年，第148页。

驴106头、牛7头、骡3头、驼5峰，其中家驴的数量是其他驮畜总和的3倍。

　　法国学者伯希和（Pelliot）在库车通往拜城的盐水关（Salyinsai yonyai）遗址处，发现了130件龟兹语过所文书。皮诺（Pinault）通过释读，发现L.P.1、L.P.21、L.P.30、L.P.35、L.P.37、L.P.50、L.P.64号文书均有家驴（kercapam）数量的详细记录，其频率和数量都远超马（yakwi）、牛（oksaim）等家畜，说明家驴是龟兹地区的主要驮畜。由克孜尔石窟第38、114窟所见壁画可知，龟兹商队的驮畜也以家驴为主，其他驮畜较为少见。在新疆阿克苏地区新和县龟兹文化博物馆藏有一枚唐代桥钮画押，高3厘米，印面呈椭圆形，长径3.5厘米，短径2.3厘米，印面有一人斜躺于驴背之上[1]，应属于丝路商旅的信物——画押。在龟兹人姓氏中，亦有以驴为名的习俗，如库车与新和交界处的玉其吐尔–夏合吐尔遗址（Douldour-âqour）出土的Cp.28、Cp.31、Cp.34龟兹语文书，均出现龟兹人名Kercapiśke，汉语可译

---

[1] 祁小山、王博编著：《丝绸之路·新疆古代文化（续）》，乌鲁木齐：新疆人民出版社，2016年，第194—195页。

图 8.3　龟兹文化博物馆藏唐代花押（引自《丝绸之路·新疆古代文化（续）》，第 194 页）

作"白吉招失鸡"，龟兹语意为"驴儿、小驴"[1]。

唐代各地多有职业"赁驴人"，主要从事家驴出租职业，业务包括驮载行人、运输货物等。《续玄怪录》载："扶风马震，居长安平康坊。正昼，闻扣门。往看，见一赁驴小儿云：'适有一夫人，自东市赁某驴，至此入宅，未还赁价。'"[2] 另一条"赁驴"史料，见于《太平广记》"郜澄"条："时府门有赁驴者，裴呼小儿驴，令送大郎至舍，自出二十五千钱与之。"[3] 日本遣唐高僧圆仁《入唐求法巡礼行记》曾提及海州（今连云港）的雇驴行业，"驴一头行二十

---

[1] 庆昭蓉、荣新江：《唐代碛西"税粮"制度钩沉》，《西域研究》2022 年第 2 期，第 47—72 页。

[2] （唐）牛僧孺、李复言著，林宪亮译注：《玄怪录　续玄怪录》，北京：中华书局，2020 年，第 486—487 页。

[3] 《太平广记》卷 384，第 2548 页。

里，功钱五十文"，"每驿赁驴运之"❶。据《通典》卷七载，盛唐时期"东至宋汴，西至岐州，夹路列店肆待客，酒馔丰溢，每店皆有驴赁客乘，倏忽数十里，谓之驿驴"❷，由此可见唐代赁驴业的兴盛。

中古时期的西域，赁驴活动也十分普遍。如德藏吐鲁番出土回鹘文书 U5265 提及："丑年六月初十，我撒兰古赤（Saraŋuč）因需长行驮（uzunqa barɣu äšäk ulaɣ），以每10日付29（匹）棉布（？）的租金从九利奴（Qïbrïdu）处借驴一头。待我从古塔巴（Qutaba，今新疆呼图壁县）返回时，将此驴并租金一齐送还。"❸ 在丝绸之路沿线的商业活动中，一头驴的驮载量可作为贸易单位计算。如中国国家图书馆藏于阗出土阿拉伯文书（BH2-28）提及单位"六驮（kurr）"，即6头家驴的载重量❹。其源头可上溯到古代印度

---

❶ [日]圆仁著，白化文、李鼎霞、许德楠校注，周一良审阅：《入唐求法巡礼行记校注》，北京：中华书局，2019年，第136—137页。

❷ 《通典》卷七，第153页。

❸ 付马：《丝绸之路上的西州回鹘王朝——9—13世纪中亚东部历史研究》，北京：社会科学文献出版社，2019年，第273页。

❹ 钱艾琳：《于阗的黑貂皮——国图藏BH2-28阿拉伯语手稿解读》，《丝绸之路考古》第5辑，北京：科学出版社，2021年，第153—159页。

的表达方式，如梵语 khārī 一词表示"一驮"，即"一头驴的载荷"，常作为重量单位使用[1]。

二、畜　力

中古时期，家驴一直是我国北方的主要畜力之一。自东汉北方屯田开始，即以"驴车转运"物资和人员[2]。魏晋至隋唐时期，大军出征常用家驴负责后勤运输，如（1）《北史·公孙表传》载："初，太武将北征，发驴以运粮，使轨部调雍州。"（2）《北史·司马楚之传》载：司马楚之率军伐柔然，"蠕蠕乃遣觇楚之军，截驴耳而去"[3]。（3）《北史·高祖神武帝纪》载：高欢破尔朱兆之战，"乃于韩陵为圆阵，连牛驴以塞归道"[4]。（4）《隋书·天文志》载：高欢围攻玉璧城，"有星坠于营，众驴皆鸣"[5]。上述史料均提及利用家驴

---

[1] ［古印度］憍底利耶著，朱成明译注：《利论》，北京：商务印书馆，2020 年，第 173 页。

[2] 王子今：《秦汉交通史新识》，北京：中国社会科学出版社，2015 年，第 69 页。

[3] 《北史·司马楚之传》，第 1043 页。

[4] 《北史·高祖神武帝纪》，第 216 页。

[5] 《隋书·天文志》，第 600 页。

进行后勤补给的情况。

唐军作战，亦以驴作后勤补给的驮畜。据《通典》载，唐代兵制每队配驴6头❶。在西域，唐军的实际驮畜数量可能会更多。如吐鲁番阿斯塔那墓地73TAM509出土《唐西州天山县申西州户曹状为张无瑒请往北庭请兄禄事》："前安西流外张旡瑒，奴胡子年廿五，马壹匹，驳草肆岁，驴贰头，并青黄父各陆岁。"张无瑒之兄张无价任北庭"乾坑戍"戍主，张无瑒带驴、马等"往北庭"投奔其兄，应为编制之外的家畜。

唐代设置兵曹参军、骑曹参军等官职，其职能之一便是负责随军的马、驴杂畜。《新唐书·百官志》载："兵曹参军事，掌防人名帐、戎器、管钥、马驴、土木、谪罚之事。"❷《旧唐书·职官志》载："骑曹参军事二人，掌马驴杂畜簿帐及牧养支料草粟等事。"❸伯希和在库车所获汉文文书提及

---

❶ 《通典》卷一百四十八，第3795页。

❷ 《新唐书·百官志》，第1317页。

❸ 《旧唐书·职官志》，第1811页。

"火驴"一词，即"伙驴"❶。北宋《武经总要》载："军队每火置驴一头，如当队不足，均抽比队、比营，其杂畜非紧急，士兵不得辄骑。"由此可见，"火驴"也是唐宋军队中的重要配置，参与运送粮草、物资等任务。

此外，官员外派也多用驴。北魏杨衒之《洛阳伽蓝记·法云寺》载："河东人刘白堕善能酿酒。季夏六月，时暑赫晞，以罂贮酒，暴于日中，经一旬，其酒不动。饮之香美而醉，经月不醒。京师朝贵，多出郡登藩，远相饷馈，逾于千里。以其远至，号曰'鹤觞'，亦曰'骑驴酒'。"❷由此可知，北朝官员外派，均要至刘白堕处购酒。山高路远，由驴驮来，故名"骑驴酒"。

遭遇战乱或牛瘟时，家驴也充当耕畜使用。北魏太和十一年（487年），华北大旱，"加以牛疫，公私阙乏，时有以马驴及橐驼供驾挽耕载"。❸唐宪宗时期，由于唐军多次

---

❶ Éric Trombert, Ikeda On et Zhang Guang-da, *Les Manuscrits Chinois de Koutcha, Fonds Pelliot de la Bibliothèque Nationale de France*, Paris, 2000, p.102.

❷ （北魏）杨衒之著，杨勇校笺：《洛阳伽蓝记校笺》，北京：中华书局，2006年，第177页。

❸ 《魏书·食货志》，第2856页。

讨伐藩镇，"时东畿民户供军尤苦，车数千乘相错于路，牛皆馈军，民户多以驴耕"。[1]唐代民间曾大量饲养家驴，如白居易《朱陈村》一诗有"机梭声札札，牛驴走纭纭"的佳句，形象生动地反映出唐代乡村的养驴盛况。在我国南方地区，筒车是重要的农业灌溉工具，特别是在南方的丘陵地带，还出现了以驴为驱动力的驴转筒车[2]。

唐代长安城内，百姓也有饲养家驴的情况。《酉阳杂俎》提及数条史料：（1）赶驴出摊，"有卖油者张帽，驱驴驮桶不避"；（2）骑驴购物，"开成初，东市百姓丧父，骑驴市凶器"等[3]。日本学者森安孝夫指出，唐代普通百姓，无论是代步还是运送东西，用的都是驴[4]。敦煌文献《祭驴文》，也提及唐代不同阶层对家驴的利用情况："教汝托生之处，凡有数般：莫生官人家，辄驮入长安；莫生军将家，打球力虽

---

[1] 《旧唐书·宪宗本纪》，第459页。

[2] 刘翠溶：《什么是环境史》，北京：生活·读书·新知三联书店，2021年，第28页。

[3] （唐）段成式著，张仲裁译注：《酉阳杂俎》，北京：中华书局，2020年，第587、589页。

[4] 〔日〕森安孝夫著，石晓军译：《丝绸之路与唐帝国》，北京：北京日报出版社，2020年，第243页。

第八章　驴骡驰逐　219

摊；莫生陆脚家，终日受皮鞭；莫生和尚家，道汝罪弥天。愿汝生于田舍，汝家且得共男女一般看。"❶《祭驴文》虽有调侃之意，但也反映出沙州农户对家驴的重视程度。

在和田出土的胡汉语文书中，常有于阗官民役用家驴的内容，多为牲畜服役名册、赋税账务和争讼判决书等。如策勒县达玛沟附近麻扎托格拉克（Mazar-toghrak）遗址出土汉文木简，涉及"（大历）十五年驼驴料"的相关信息❷，应与驴、骡、骆驼饲料的"税粮"有关❸。据于阗文书《大历十六年（781）二月于阗六城杰谢百姓思略牒》载：杰谢百姓将自家驴提供给官府使用，而官方除给供驴者六千文以上的"作钱"外，还答应"思略放工"（免除徭役）。但十个月之后，思略不仅"工不得"，驴也未归还。为请求处理，故

---

❶ 柴剑虹：《敦煌写本中的愤世嫉俗之文——以 S.1477〈祭驴文〉为例》，《敦煌研究》2004 年第 1 期，第 59—64 页。张鸿勋、张臻：《敦煌本〈祭驴文〉发微》，《敦煌研究》2008 年第 4 期，第 59—64 页。

❷ 荒川正晴撰，田卫卫译：《英国图书馆藏和田出土木简的再研究——以木简内容及其性质为中心》，《西域文史》第 6 辑，北京：科学出版社，2011 年，第 35—48 页。

❸ 庆昭蓉、荣新江：《唐代碛西"税粮"制度钩沉》，《西域研究》2022 年第 2 期，第 47—72 页。

递交此"牒"[1]。此外，Hedin 33 号于阗语文书还提及"驴税"（kharajä）一词[2]，说明于阗还存在其他形式的家驴税赋。

另外，于阗语文书中也多有涉及家驴役使、赋税及诉讼的案例，说明民间的畜力也以家驴为主：

（1）Or.11344.10 号文书是牲畜（驴、牛）服役的名册，分别用于驮载货物和耕田，其第 4 行有"〔……〕Aniruda 1 头（牝？）驴，Suhadāysa 1，破沙 Sāṃdara 1，Saṃga 1，Upadatta"[3]，其中 Aniruda 一词指驴或牝驴。

（2）H.143a MBD14 号文书是一份有关赋税的账务记录，右面第一行"〔……〕5 头驴被弄污了〔……〕"，右面第四行"〔……〕而彼所牵走之彼等之驴。无论何人有此等疑虑〔……〕"[4]。

（3）H.143a MBL 1 号文书是一份争讼判决书（背面为

---

[1] 〔日〕荒川正晴著，章莹译：《唐代于阗的"乌骆"——以 tagh 麻扎出土有关文书的分析为中心》，《西域研究》1995 年第 1 期，第 66—76 页。

[2] 〔日〕吉田丰著，田卫卫译，西村阳子校：《有关和田出土 8—9 世纪于阗语世俗文书的札记（三）》（中），《敦煌学辑刊》2012 年第 2 期，第 165—176 页。

[3] 贝利：《塞语文书集》第二卷，第 36 页。

[4] 《于阗语文书集》第五卷，第 33 页。

吐蕃文），年代约为公元9世纪初。文书第10行提及"尊敬之 Vinīyabhavä 未支付他们吐蕃人任何东西。而此儿，尊敬之 Sudana 用此儿购得了一头母驴（？）"。❶

在新疆出土的吐蕃语文书中，也有大量役使家驴的记载，说明驴也是唐代吐蕃人倚重的主要家畜之一。

（1）M.I.viii.92号简牍，涉及租赁家驴的费用问题，"一头不能驮（stong）的怀孕驴折银四两，一头公驴银三两，一头小驴银二两。雇费从出勤之日起，每（per diem）粮一升（bre)，如不付粮，也可折作应征户的户差。姜孜（rgyang-rtse）处的公牛和驴子（已死），赔偿价如上述……"❷

（2）M.Tāgh.a.iii.0062号纸本文书，由驴驮送粮食大麦，"呈神山（Shing-shan）的于阗官府：于阗人布桂的请求书。为护送高僧去桑（Sang）地而付给的全部大麦，皆已收到。在路上因帮助征收（或者说索要）桑地所欠的大麦，我派出

---

❶ 《于阗语文书集》第二卷，第68页（*KT* II, p. 68）。原注：霍恩雷《新疆发现之佛教文献遗卷》（Hoernle, 1916），第400—402页，图版 xvii。

❷ ［英］F. W. 托马斯编著，刘忠、杨铭译注：《敦煌西域古藏文社会历史文献》，北京：商务印书馆，2020年，第364—365页。

了驴驮……"[1]

（3）M.I.xxviii.005 号纸本文书，涉及驴驮的内容："送内务官（Nang-rje-po）论·达桑和论·多热……我已抵达恰乌岭（Byevu-ling)，护卫虽已掉队，但不久会赶上。因为有病人，缺少公牛驮驴，未事休息，饮水短缺……"[2]

由于家驴的重要性，中古时期有专门治疗驴疾的医方。北魏贾思勰著《齐民要术》提及的"治驴漏蹄方"，可以治疗家驴的漏蹄之疾。漏蹄是一种蹄底生疮的病症，病因可能由蹄皮炎、蹄叉腐烂、蹄叉癌等引起。"治驴漏蹄方"具体方法如下："凿厚砖石、令容驴蹄，深二寸许。热烧砖，令热赤。削驴蹄，令出漏孔，以蹄顿著砖孔中，倾盐、酒、醋，令沸浸之。牢捉勿令脚动。待砖冷，然后放之，即愈。入水，远行，悉不发。"[3] 经过治疗的家驴能迅速恢复健康，继续长期役用，否则会因漏蹄而致残、致死。

---

[1] [英] F. W. 托马斯编著，刘忠、杨铭译注：《敦煌西域古藏文社会历史文献》，北京：商务印书馆，2020 年，第 199 页。

[2] [英] F. W. 托马斯编著，刘忠、杨铭译注：《敦煌西域古藏文社会历史文献》，北京：商务印书馆，2020 年，第 165 页。

[3] （北魏）贾思勰著，石声汉译注，石定枎、谭光万补注：《齐民要术》，北京：中华书局，2020 年，第 684—685 页。

另外，骡在唐代的军事用途也不容小觑。唐代藩镇中有一支特殊的骡骑兵，隶属淮西节度使李希烈。据《旧唐书》卷一百四十五载："（淮西）地既少马，而广畜骡，乘之交战，谓之骡子军，尤为勇悍。"《太平御览》引《旧唐书》曰："吴玄济叛，其将有董重质者守洄曲，其部下乘骡即战，号骡子部，最为劲悍，官军恒警备之。"唐代淮西盛产骡子，为建立"骡子军"提供了客观条件。南宋罗愿《尔雅翼》载："马力在前膊，驴力在后髀，骡力在腰，骑乘者随其力所在而进退之。"❶ 训练骡骑兵绝非易事，主要原因是其数量稀少，且速度和冲击力不足。骡子的机动性虽不如马，但耐力强悍，可进行长途奔袭，适应丘陵作战。晚清时期的捻军，曾利用了骡骑兵的特点，扬长避短，多次甩掉清军马队的追击，甚至创造骡骑兵击杀僧格林沁的战例。

三、驿　驴

在唐代边疆地区的贸易集散地，驴、马等牲畜的交易受到中央王朝的管控，涉及牲畜的接收、检查和登记工作。唐

---

❶ （宋）罗愿撰，石云孙点校：《尔雅翼》，合肥：黄山书社，1991年，第236页。

代设置互市监,掌管驴、马等牲畜贸易,"诸互市:监各一人,从六品下。丞一人,正八品下。诸互市监掌诸蕃交易马驼驴牛之事"。❶ 吐鲁番阿斯塔那 M228 号墓《唐年某往京兆府过往》文书提及,"贩马、驴往京兆府"。据《唐六典》载:"凡互市所得马、驼、驴、牛等,各别其色,具齿岁、肤第,以言于所隶州、府,州、府为申闻。太仆差官吏相与受领,印记。上马送京师,余量其众寡,并遣使送之,任其在路放牧焉。每马十匹,牛十头,驼、骡、驴六头,羊七十口,各给一牧人。"由此可见,唐代由西域向长安贩驴仍是一项重要的贸易活动❷。

贸易获得的驴、马等牲畜,会定期送往官办牧场、牧厩。如隋代设置"驴骡牧,置帅都督及尉"❸,管辖驴、骡的放牧工作。《唐六典》载:"凡马、牛之群以百二十;驼、骡、驴之群以七十;羊之群以六百二十","群有牧长、牧尉"❹,直

---

❶ 《旧唐书·职官志》,第 1895 页。

❷ (唐)李林甫等撰,陈仲夫点校:《唐六典》,北京:中华书局,2014 年,第 400 页。

❸ 《隋书·百官志》,第 784 页。

❹ (唐)李林甫等撰,陈仲夫点校:《唐六典》,北京:中华书局,2014 年,第 486 页。

接管理骡、驴等牲畜。

牧群的考核,有一定的标准,如《天一阁藏明抄本天圣令校证》提及[1]:

(唐6)诸牧,牝马四岁游牝,五岁责课;牝驼四岁游牝,六岁责课;牝牛、驴三岁游牝,四岁责课;牝羊三岁游牝,当年责课。

(唐7)诸牧,牝马一百匹,牝牛、驴各一百头,每年课驹、犊各六十,其二十岁以上,不在课限。三岁游牝而生驹者,仍别簿申省。骡驹减半。

(唐8)诸牧,马剩驹一匹,赏绢一匹。驼、骡剩驹二头,赏绢一匹。牛、驴剩驹、犊三头,赏绢一匹。白羊剩羔七口,赏绢一匹。羖羊剩羔十口,赏绢一匹。

唐代驿站常配有马、驴等牲畜,供各级官员役使。唐代传驿是由烽、驿、坊、馆等组成的交通网络,"凡三十里一驿,天下凡一千六百三十有九所:二百六十所水驿,

---

[1] 天一阁博物馆等:《天一阁藏明抄本天圣令校证·清本》,北京:中华书局,2006年,第400页。

一千二百九十七所陆驿站"。据唐代《名例律》行程规定："马，日七十里；驴及部人，五十里；车，三十里。"❶ 卢向前认为，传驴制度与传马体制相同，其基层管理有专人负责，称作"行马子"❷。近年来，在新疆尉犁县克亚克库都克唐代烽燧遗址出土了少量驴骨，证明唐代传驿所置的烽、驿、坊、馆等设施，配备有一定数量的役驴❸。伯希和在敦煌所获P.3714文书背面，也有大量传驴的相关记录。《新唐书·食货志》载：盛唐时期，"道路列肆，具酒食以待行人，店有驿驴，行千里不持尺兵"。❹ 在传世唐代名画《明皇幸蜀图》中，也能看见驴队随行玄宗的场景。1956年，陕西省西安市小土门出土一件蓝釉陶驴，鞍鞯勒饰一应俱全，作引颈长嘶状，生动反映出唐代驿驴的形象。

选取驿驴、传驴有一定的要求，"诸州有要路之处，及

---

❶ 《唐律疏议》卷三《名例律》"诸流配人在道会赦"条，第68页。

❷ 卢向前:《伯希和三七一四号背面传马坊文书研究》，北京大学中国中古史研究中心编:《敦煌吐鲁番文献研究论集》，北京：中华书局，1982年，第674页。

❸ 新疆文物考古研究所:《新疆尉犁县克亚克库都克唐代烽燧遗址》，《考古》2021年第8期，第44页。

❹ 《新唐书·食货志》，第1346页。

图 8.4 西安市小土门出土唐代蓝釉陶驴（笔者拍摄）

置驿及传递马、驴，皆取官马、驴五岁以上、十岁以下筋骨强壮者充"。驴"三游四课"，即 3 岁开始游牝，4 岁课幼驴，至 5 岁力健为用，10 岁后驴的体力逐渐下降，因此驿驴及传驴限定为 5—10 岁。"骡驹减半"，则因骡驹稀少，较难繁殖之故。

唐代驿驴有一套系统的管理制度。据唐《田令》载：

"诸驿封田,皆随近给。每马一匹给地四十亩,驴一头给地二十亩。"驴的食量少,马的食量大,因此马给田数是驴的两倍,合乎情理❶。另外,驿驴"死损""肥瘠"之数要严格上报:"凡传驿马驴,每岁上其死损、肥瘠之数。"❷《厩牧令》规定:"驿马驴一给以后,死即驿长陪填。"❸敦煌吐鲁番文书常见专门供给驿驴、传驴的草料。如2006TAM607:2-4《唐景龙三年(709)后西州勾所勾粮帐》文书提及:"一斗二升粟,州仓景二年秋季剩给兵驴料。"

唐代百官家口使用官驴,要符合户部规定。"内外百官家口应合递送者,皆给人力、车牛。(一品手力三十人,车七乘,马十匹,驴十五头;二品手力二十四人,车五乘,马六匹,驴十头;三品手力二十人,车四乘,马四匹,驴六头;四品、五品手力十二人,车二乘,马三匹,驴四头;六品、七品手力八人,车一乘,马二匹,驴三头;八品、九品手力五人,车一乘,马一匹,驴二头。若别敕给递者,三分加一。家口少者,不要满此数。无车牛处,以马、驴

---

❶ 戴建国:《唐"开元二十五年令·田令"研究》,《历史研究》2000年第2期,第36—50页。

❷ 《新唐书·百官志》,第1195页。

❸ 《唐律疏议》卷15《厩库》第208条,第242页。

代。)"❶私驮货物不可过载,如《唐律疏议》第199条:"诸应乘官马、牛、驼、骡、驴,私驮物不得过十斤,违者,一斤笞十,十斤加一等,罪止杖八十。"对官驴造成伤害,要受杖笞处罚,如《唐律疏议》第129条:"诸乘驿马赍私物,谓非随身衣、仗者。一斤杖六十,十斤加一等,罪止徒一年。驿驴减二等。"《唐律疏议》第201条:"诸乘驾官畜产,而脊破领穿,疮三寸,笞二十;五寸以上,笞五十。"

长行坊是唐代西域各府州县设立的交通机构,用以管理配属的马、驴、骡等役畜,供各级官吏及其随员乘载。如73TAM506号墓出土《唐天宝十三、十四载交河郡长行坊支贮马料文卷》第148行"郡坊官驴陆头金娑岭驮帐幕"、第150行"天山军仓曹康慎微乘马壹疋驴伍头",均与长行坊驴、马的役用有关❷。日本学者藤枝晃认为,长行坊与馆驿制度不同,后者是按驿换乘马、驴,而前者是从起点到终点不用换乘。吐鲁番文书中常见"长行马""长行驴"等称呼,

---

❶ (唐)李林甫等撰,陈仲夫点校:《唐六典》,北京:中华书局,2014年,第79页。

❷ 刘子凡:《安史之乱前夕的安西与北庭——〈唐天宝十三、十四载交河郡长行坊支贮马料文卷〉考释》,《中国国家博物馆馆刊》2022年第6期,第54—65页。

马夫、驴夫则称"马子""驴子"❶。通常情况下，每头役畜都有役使、放牧、伤病及所食草料的账目，如现藏大英博物馆编号 OR.8212/553 的《唐开元十年（722 年）西州长行坊马驴发付领到簿》文书，记有唐西州长行驴的使用信息及驴瘟的情况❷。与长行坊等设官马、官驴不同，在一些偏远的羁縻州，则要求百姓提供以"乌骆"（Ular）为名的驴、马等家畜役使❸。

唐代官方的用驴制度对吐蕃也产生了一定的影响。如斯坦因在米兰吐蕃戍堡遗址所获 M.iv.40（木牍），内容为"毛驴和作为驮畜的公黄牛，共三头。很快送上投入运输"❹。M.I.30（木牍）《供沙州使者账历》文书提及："沙州使者……驮驴各有鞍具及用具一套，驮供三人一个月食用的面粉（或

---

❶ 孔祥星：《唐代新疆地区的交通组织长行坊——新疆出土唐代文书研究》，《中国历史博物馆馆刊》1980 年，第 29—38 页。

❷ 王兴伊、段逸山编著：《新疆出土涉医文书辑校》，上海：上海科技出版社，2016 年，第 409 页。

❸ ［日］荒川正晴著，章莹译：《唐代于阗的"乌骆"——以 tagh 麻扎出土有关文书的分析为中心》，《西域研究》1995 年第 1 期，第 66—76 页。

❹ ［英］F. W. 托马斯编著，刘忠译注：《敦煌西域古藏文社会历史文献》，北京：民族出版社，2003 年，第 320 页。

糌粑）。按第二等级的规定，经计算为二十一驮半，供使者出行。"❶ 由此可见，吐蕃在一定程度上借鉴了唐朝的长行坊和馆驿制度。

四、驴　鞠

驴鞠是一种以家驴为坐骑击打马球的竞技性运动，烈度低于马球运动，最早起源于中亚地区。在吐鲁番洋海墓地出土了中国最早的马球实物，由羊皮缝制而成，内填碎皮条和毛线，呈球形，直径约 16 厘米，球底绘有红色十字形图案，年代为春秋战国时期❷。1979 年，甘肃省敦煌市马圈湾汉代烽隧遗址出土了与洋海墓地类似的马球，年代为西汉中期。东汉时期，马球运动已在中原地区十分流行。在江苏睢宁东汉墓出土的画像砖上，描绘有男子马背击球的场景，与曹植《名都篇》中"连翩击鞠壤，巧捷惟万端"的场景十分贴切。

唐代马球运动主要由男性贵族参与。唐代皇室成员有多位击球高手，其中包括玄宗、敬宗、穆宗、昭宗、僖宗等数

---

❶ ［英］F. W. 托马斯编著，刘忠译注：《敦煌西域古藏文社会历史文献》，北京：民族出版社，2003 年，第 321 页。

❷ 王瑟：《新疆发现国内最早的马球实物——2800 年前吐鲁番就流行打马球》，《光明日报》2015 年 5 月 7 日第 7 版。

图 8.5　江苏睢宁东汉墓出土打马球画像砖拓片（作者拍摄）

位天子。陕西乾县章唐怀太子墓壁画中，就有唐代贵族策马击球的场景。1956年，唐长安城大明宫含光殿出土一方石碑，正中刻有"含光殿及毬场等大唐大和辛亥岁乙未月建"字样，证明长安宫城内曾有专门的马球竞技场❶。吐鲁番阿斯塔那墓地出土有唐代"彩绘泥塑打马球俑"，通高26.5厘米，白马四足腾空，骑者黑冠褐袍，足蹬皮靴，左手执缰，右手握球棍，作击球状。另外，在河南、安徽、江苏等地的唐代墓葬中，还出土过多枚击马球铜镜，说明唐代社会对马球运动的热衷❷。

在马球运动流行的同时，驴鞠也颇受权贵喜爱。驴鞠与

---

❶ 中国古代体育史讲座编写小组：《唐代的马球运动》，《体育文史》1987年第6期，第32—37页。

❷ 王敏凤：《洛阳伊川大庄唐墓出土铜镜年代及反映的文化交流》，《中原文物》2022年第4期，第126—130页。

图 8.6　乾县唐代章怀太子墓打马球壁画局部（作者拍摄）

马球规则相似，只是坐骑由马转换成家驴，运动强度与危险系数有所降低。《李林甫外传》载："唐右丞相李公林甫，年二十尚未读书。在东都好游猎打球，驰逐鹰狗。每于城下槐坛骑驴击鞠，略无休日。"[1] 唐敬宗喜爱驴鞠，常"观内园、

---

[1]（五代）王仁裕等撰，丁如明辑校：《开元天宝遗事十种》，上海：上海古籍出版社，1985 年，第 149 页。

图 8.7　扬州博物馆藏唐代打马球铜镜（作者拍摄）

教坊、两军分朋驴鞠"[1]。《新唐书·敬宗皇帝纪》载："庚申，鄆州进驴打球人石定宽等四人……观驴鞠、角觝于三殿。"[2] 公元 826 年，擅长驴鞠的石定宽、苏佐明等人联合宦官刘克明发动政变，敬宗最终因驴鞠引来杀身之祸。唐敬宗之

---

[1] 《旧唐书·敬宗本纪》，第 520 页。

[2] 《新唐书·敬宗皇帝纪》，第 228 页。

后，驴鞠运动仍在宫中盛行。段成式《酉阳杂俎》载："崔承宠少从军，善驴鞠，逗脱杖捷如胶焉。"❶唐僖宗乾符二年（875），右补阙董禹"谏上游畋、乘驴击"，僖宗"赐金帛以褒之"，足见驴鞠的流行❷。

考古证据表明：唐代女性曾广泛参与驴鞠运动，颇有"巾帼不让须眉"的气度。据《旧唐书·郭英乂传》载：剑南节度使郭英乂"聚女人骑驴击毬，制钿驴鞍及诸服用，皆侈靡装饰，日费数万，以为笑乐。"❸《新唐书·郭知运传》载："又教女伎乘驴击球，钿鞍宝勒及它服用，日无虑数万费，以资倡乐，未尝问民间事，为政苛暴，人以目相谓。"❹唐代诗人王建《又送裴相公上太原》诗"十队红妆伎打毬"的佳句，描绘的正是唐代妇女驴鞠比赛的盛况。

2012年，在西安雁塔区唐代博陵郡夫人崔氏墓中，出土了铅马镫和散落在墓室中的大量驴骨。墓主系泾原、镇海

---

❶ （唐）段成式撰，张仲裁译注：《酉阳杂俎》，北京：中华书局，2020年，第330页。

❷ 《资治通鉴》卷252，第6837页。

❸ 《旧唐书·郭英乂传》，第3397页。

❹ 《新唐书·郭知运传》，第4543页。

节度使周宝之妻，葬于公元879年8月[1]。通过对墓内驴骨的分析可知，随葬家驴至少有3头，体型较小，生前曾摄入大量C_4、C_3类植物，营养状况良好。驴肱骨骨干剖面异于野驴和普通家驴，呈椭圆状，表明曾长期持续进行加速、减速与急转弯运动，应与驴鞠运动有关[2]。据《新唐书·周宝传》载，墓主崔氏丈夫周宝"以善击球，俱补军将"，"以球丧一目，进检校工部尚书、泾原节度使"[3]。由此可知"夫唱妇随"，崔氏生前可能也是一位驴鞠健将。

五、食驴与入药

东汉张仲景《金匮要略》载："驴、马肉合猪肉食之，成霍乱"，可见汉人对驴肉有一定的饮食禁忌[4]。到南北朝时期，驴肉因味道鲜美、肉质细腻，逐渐成为权贵竞相追捧的

---

[1] 西安市文物保护考古研究院：《西安曲江唐博陵郡夫人崔氏墓发掘简报》，《文物》2018年第8期，第4—22页。

[2] 杨苗苗：《西安曲江唐故博陵郡夫人崔氏墓出土动物遗存分析》，《文博》2021年第4期，第59—66页。

[3] 《新唐书·周宝传》，第5412、5415页。

[4] （汉）张仲景著，刘蔼韵译注：《金匮要略》，上海：上海古籍出版社，2016年，第345页。

美食。《南史·后主纪》载,隋文帝"问监者叔宝所嗜,对曰:'嗜驴肉。'"[1] 此时,南陈后主陈叔宝已是客居长安的阶下囚,但对驴肉的偏爱却丝毫不减。《隋书·音乐志》载:"始齐武平中,有鱼龙烂漫、俳优、朱儒、山车、巨象、拔井、种瓜、杀马、剥驴等,奇怪异端,百有余物,名为百戏。"[2] "剥驴"是百戏之一,具体内容已不详,但从字面推测应源自杀驴食肉一类的民间活动。《太平广记》引《宣世志》载,民间传闻有驴化成精怪,王薰"具言其事","即杀而食之"。故事内容虽荒诞不经,但食驴却是唐人喜爱的饮食风尚[3]。

唐代食驴之风盛行,驴肉的烹饪方法也层出不穷。开元年间,李令问为殿中监,"厚奉养,侈饮食"[4],"事馔尤酷,罂鹅、笼驴皆有之"[5]。"笼驴"的做法,大概是蒸驴肉。《酉阳杂俎》记载了驴、马肉与鱼同煮的食法:"鱼肉冻蒸法:

---

[1] 《南史·后主纪》,第 310 页。

[2] 《隋书·音乐志下》,第 380 页。

[3] 《太平广记》卷 436,第 2934 页。

[4] 《新唐书·李靖传附孙令问传》,第 3813 页。

[5] (宋)钱易撰,黄寿成点校:《南部新书》,北京:中华书局,2019 年,第 34 页。

渌肉酸蒸，用鲫鱼、白鲤、鲂、鳡、鳢、鲅鱼，煮驴马肉用助底，郁驴肉。"[1] 唐人郑綮《开天传信记》载，李隆基年轻时去长安郊外游玩，常有书生"杀驴拔蒜备馔"[2]，估计是蒜香驴肉之类的佳肴。据张鷟《朝野佥载》所述，张易之、张昌宗兄弟喜爱吃炭烤活驴，其行为十分残忍。《酉阳杂俎》载："将军曲良翰，能为驴鬃、驼峰炙"[3]，即驴脖颈与驼峰烤肉。《南部新书》记载了驴肉的另一种做法："以灰水饮驴，荡其肠胃，然后围之以火，翻以酒调五味。"[4] 以上三种食法皆与炭烤驴肉类似，可能源自萨珊波斯的名菜"烤全驴"。

唐玄宗时期曾颁布《禁屠杀马牛驴诏》，严禁随意宰杀活驴。《禁屠杀马牛驴诏》载："自古见其生不食其肉，资其力必报其功。马牛驴皆能任重致远，济人使用，先有处分，不令宰杀。如闻比来尚未全断，郡牧之内，此弊尤多。自今

---

[1] （唐）段成式撰，张仲裁译注:《酉阳杂俎》，北京：中华书局，2020年，第315页。

[2] （唐）郑綮:《开天传信记》，《唐五代笔记小说大全》，上海：上海古籍出版社，2000年，第1222页。

[3] （唐）段成式撰，张仲裁译注:《酉阳杂俎》，北京：中华书局，2020年，第316页。

[4] （宋）钱易撰，黄寿成点校:《南部新书》，北京：中华书局，2019年，第85页。

第八章　驴骡驰逐

以后，非祠祭所须，更不得进献牛马驴肉。其王公以下，及天下诸州诸军，宴设及监牧，皆不得辄有杀害。仍令州县及监牧使诸军长官切加禁断，兼委御史随事纠弹。"[1] 虽然玄宗下令禁杀活驴，但宫廷内却保留着用驴肉祭祀的传统，皇后及以上规格陵墓仍用驴肉祭祀。据《新唐书·让皇帝宪传》载："尚食料水陆千余种及马、牛、驴、犊、獐、鹿、鹅、鸭、鱼、雁体节之味，并药酒三十名，盛夏胎养，不可多杀，考求礼据，无所凭依。"[2]

食驴之风不仅盛行于内地，在边疆地区也同样流行。据《旧唐书·西戎传》载，党项人"畜牦牛、马、驴、羊，以供其食"，说明党项人也会食用驴肉[3]。以驴为祭的习俗还流行于吐蕃。2003 年，在西藏那曲县察秀塘发现的祭祀遗址 J2 坑中，发现 13 件驴骨标本，包括头骨、肱骨、趾骨等。根据动物考古研究，其中至少有 2 头雄性藏野驴（Equus

---

[1] 《全唐文》卷 27《禁屠杀马牛驴诏》，上海：上海古籍出版社，1990 年，第 312 页。

[2] 《新唐书·让皇帝宪传》，第 3598 页。

[3] 《旧唐书·西戎传》，第 5290 页。

kiang）[1]。据《旧唐书·吐蕃传》载："（吐蕃赞普）与其臣下一年一小盟，刑羊狗猕猴，先折其足而杀之，继裂其肠而屠之，令巫者告于天地山川日月星辰之神云：'若心迁变，怀奸反覆，神明鉴之，同于羊狗。'三年一大盟，夜于坛墠之上与众陈设肴馔，杀犬马牛驴以为牲，咒曰：'尔等咸须同心戮力，共保我家，惟天神地只，共知尔志。有负此盟，使尔身体屠裂，同于此牲。'"[2] 结合察秀塘祭祀遗址出土的驴骨推测，吐蕃赞普三年一次的"大盟"仪式，还会使用藏野驴作为牺牲。这一发现是对传世史料的一项重要补充。

驴的药用功能是唐代医学的一大特色。在南朝陶弘景所著《本草经集注》《名医别录》中，均未见以驴入药的方剂。至唐代，有关驴的药方开始大量出现，家驴的乳、尿、粪、脂、肉及皮均可入药，且功效各不相同。

（1）驴乳。《日华子》曰："（驴）乳，治小儿痫、客忤、天吊、风疾。"《食疗本草》载："卒心痛，绞结连腰脐者，

---

[1] 胡松梅、张建林：《西藏那曲察秀塘祭祀遗址哺乳动物遗存及其意义》，《动物考古》第 1 辑，北京：文物出版社，2010 年，第 241—251 页。

[2] 《旧唐书·吐蕃传》，第 5219 页。

取驴乳三升,热服之差。"[1]《唐本草》载:"驴乳主小儿热急黄等,多服使痢。"陈藏器《本草拾遗》曰:"驴黑者,溺及乳,并主蜘蛛咬,以物盛浸之……蚰蜒入耳,取驴乳灌耳中,当消成水。"《备急千金要方》载:"驴乳:味酸微寒,一云大寒,五毒。主大热,黄疸,止渴。"[2]由上可知,中古时期驴乳被视为寒性药物,以清热化毒为主,这与希腊—罗马的驴乳美容法完全不同。敦煌文书BD428(25-5)《大智度论(异卷)》卷二六提到:"牛乳摇则成酥,驴乳摇则成屎"[3],显然对驴乳的评价不高。

(2)驴尿与驴粪。《本草拾遗》曰:"驴溺泥土,主蜘蛛咬,先用醋泔汁洗疮,然后泥傅之。黑驴弥佳,浮汁洗之更好。疮亦取驴溺处臭泥傅之,亦佳。"《新修本草》载:"(驴粪)熬之,主熨风肿疮。屎汁,主心腹卒痛诸疰忤。尿,主症癖,胃反,吐不止,牙齿痛,水毒。草驴尿,主燥水。驳

---

[1] (唐)孟诜著,张鼎增补,郑金生、张同君点校:《食疗本草》,上海:上海古籍出版社,2019年,第111—112页。

[2] (唐)孙思邈著,李景荣等校释:《备急千金要方校释》,北京:人民卫生出版社,2020年,第914页。

[3] 黄征:《敦煌俗字典(第二版)》,上海:上海教育出版社,2020年,第505页。

驴尿，主水湿，一服五合良。燥水者画体成字，湿水者，不成字。"[1] 驴粪尿的作用主要是消肿止痛，利于解毒。

（3）驴肉。《日华子》云："驴肉，凉，无毒。解心烦，止风狂。酿酒治一切风……头汁洗头风，风屑。"《食疗本草》载："生脂和生椒熟捣，绵裹塞耳中，治积年耳聋。狂癫不能语、不识人者，和酒服三升良……脂和乌梅为丸，治多年疟。未发时服三十丸。"《备急千金要方》曰："驴肉：味酸平，无毒。主风狂，愁忧不乐，能安心气。"驴肉以静心安神为主，可治疗神志疯癫等狂症。

（4）驴脂。《日华子》载："（驴）脂，傅恶疮疥，及风肿。"[2]《食疗本草》载："又，生脂和生椒熟捣，绵裹塞耳中，治积年耳聋。狂癫不能语、不识人者，和酒服三升良。"驴脂多为外敷药，内用需与酒共服。

（5）驴骨及驴头。《食疗本草》载："头：燖去毛，煮汁以渍曲酝酒，去大风……骨煮作汤，浴渍身，治历节风。又，煮头汁，令服三二升，治多年消渴，无不差者。"《备急千金

---

[1] （唐）苏敬等著，云雪林、杨碧仙编：《新修本草（彩色药图）》，贵阳：贵州科技出版社，2018年，第344页。

[2] 常敏毅辑注：《日华子本草辑注》，北京：中国医药科技出版社，2016年，第102页。

要方》载:"其头烧却毛,煮取汁,以浸曲酿酒,甚治大风动摇不休者。"《日华子》曰:"头汁,洗头风、风屑。"驴骨及驴头的药效与驴皮阿胶相似,有"去风",治疗"消渴"的功效。

(6)驴毛。《食疗本草》载:"又,头中一切风,以毛一斤炒令黄,投一斗酒中,渍三日。空心细细饮,使醉。衣覆卧取汗。明日更依前服。忌陈仓米、麦面等。"驴毛的作用也是"去风"。

(7)驴皮阿胶。《本草拾遗》载:"阿胶,阿井水煎成胶,人间用者多非真也。凡胶俱能疗风,止泄,补虚。驴皮胶主风为最。"《食疗本草》曰:"皮:覆患疟人良。又,和毛煎,令作胶,治一切风毒骨节痛,呻吟不止者,消和酒服良。"《广济方》载:"治诸风手脚不遂,腰脚无力。驴皮胶微炙热,先煮香豉二合,水一升煮之,去滓入胶,更煮,胶烊如饧,顿服之。"❶《日华子》载:"皮煎胶食,治一切风并鼻洪、吐血,肠风,血痢及崩中带下。"《备急千金要方》曰:"皮胶亦治大风。"服用驴皮阿胶的药方,还传播到吐鲁番的高昌

---

❶ (唐)陈藏器撰,尚志钧辑释:《〈本草拾遗〉辑释》,合肥:安徽科学技术出版社,2002年,第35、398、405页。

回鹘。20世纪初,德国考察队在吐鲁番发现了回鹘文医学文献《杂病医疗百方》,其中明确记载用驴皮治病的药方❶,说明唐代中原的药物思想对回鹘医学产生了深远的影响。

六、隐　喻

中古时期,家驴常被正统史官视为"非正统"的象征。汉灵帝爱驴,"于宫中西园驾四白驴,射自操辔,驱驰周旋,以为大乐"。❷《太平御览》引《金楼子》云:"汉灵帝养驴数百头,常自骑之,驰驱遍京师。有时驾四驴入市。"南朝宋后废帝刘昱在"曜灵殿上养驴数十头"❸。瓦岗军首领李密"胸无大志,又广召良家,充选宫掖,潜为九市,亲驾四驴,自比商人,见要逆旅"。❹上述史料虽略显荒诞,但其流传代表了一种情感和政治立场,即驴与马相比并非代表正统,而是一种"背叛传统"与"旁门左道",这与家马更早传入并被中华文明所接受有关。正如《世说新语》中的一段

---

❶ 陈明:《印度梵文医典〈医理精华〉研究》,北京:商务印书馆,2018年,第99页。

❷ 《太平御览》卷901,第3998页。

❸ 《南史·后废帝纪》,第88页。

❹ 《旧唐书·李密传》,第2213页。

有趣对话:"王导谓诸葛恢曰:'人言王葛,不言葛王。'恢曰:'人言驴马,不言马驴,岂驴胜马也?'"

驴的另一形象是不羁与随性,体现出"孤世"与"独行"的风骨。三国魏晋时期,名人雅士尤爱驴鸣。"驴鸣"与当世推崇率直任诞、不拘礼节的性格相得益彰。"建安七子"之一的王粲,才华横溢,性格不羁,喜爱驴鸣。《世说新语·伤逝》载:"王仲宣好驴鸣。既葬,文帝临其丧,顾语同游曰:'王好驴鸣,可各作一声以送之',赴客皆一作驴鸣。"❶西晋外戚王济同样爱好驴鸣,据《太平御览》引《晋书》载:"王济卒,将葬,时贤无不毕至。孙楚雅敬济,而后来,哭之甚悲,客莫不垂涕。哭毕,向灵床曰:'卿常好我作驴鸣,我为卿作之。'"❷唐代诗人贾岛"推敲"格律意境,也是在驴背之上修成正果。他一生穷困潦倒,诗风荒凉枯寂,故有"诗奴"之称,这与家驴予马为奴的形象相符。另一与贾岛相似的诗人张乔,同样是骑驴游吟的形象。故《南部新书》载:"咸通中,举子乘马,惟张乔跨驴。后敕下

---

❶ (南朝宋)刘义庆:《世说新语》,《汉魏六朝笔记小说大观》,上海:上海古籍出版社,2013年,第922页。

❷ 《太平御览》卷901,第3997页。

不许骑马,故郑昌图肥,是有嘲咏。"[1]

驴的另一文化隐喻是愚蠢、自大,最初源自印度,后随佛教传入中国。在小乘佛教中,寺院可以饲养一定数量的家畜。如《十诵律》卷五六载:"非人物者:佛听象、马、骆驼、牛、羊、驴、骡属佛图属僧。"[2]驴、骡的排名靠后,地位自然不高。在汉传佛教文献中,以驴为主角的故事主要有《百喻经》卷二"雇借瓦师喻",大众部《摩诃僧祇律》卷六"驴与豆主",《根本说一切有部毗奈耶破僧事》之"驴子唱歌",《众经撰杂譬喻》《大集地藏十轮经》之"驴披狮子皮"等,常将驴描绘为愚蠢、自大的"弊恶畜生"[3]。

由佛教中驴的愚蠢自大形象,又演化出丑陋、凶恶的含义。据《风俗通》载:"凡人相骂曰'死驴',丑恶之称也。董卓陵(凌)虐王室,执政皆如死驴。"以驴脸调侃容颜,实指相貌丑陋。《吴志》载:"诸葛恪父瑾,长面似驴。孙权大会群臣,使人牵一驴入,长检其面,题曰:'诸葛子

---

[1] (宋)钱易撰,黄寿成点校:《南部新书》,北京:中华书局,2019年,第67页。

[2] 《大正藏》第23册,第413页。

[3] 陈明:《"唱歌的驴子"故事的来源及在亚洲的传播》,《西域研究》2017年第1期,第113—127页。

瑜'也。恪对跪乞请笔，益两字续其下曰'之驴'。举座欣笑，以驴赐恪。""昔宋有东海王祎，志性凡劣，时人号曰驴王。我熟观汝所作，亦恐不免驴号。当时闻者号为'驴王'。"❶ 唐建中初年，德宗对李忠臣曰："卿耳甚大，真贵人也。"李忠臣机智对答："臣闻驴耳甚大，龙耳甚小，臣耳虽大，乃驴耳也。"❷ 李忠臣以驴耳自比，灵活化解危机，足见情商之高。段成式《酉阳杂俎·诺皋记上》有"怪物"强娶民女，"火发蓝肤，磔耳如驴焉"，亦是丑恶形象❸。《窦娥冤》里无恶不作的流氓"张驴儿"，其取名也暗含驴的丑陋、凶恶之相。

由于家驴属于外来物种，从传入之初就带有一定的神秘性。《搜神后记》有"恶鬼深涧偷驴"的故事，"石虎邺中有一胡道人，知咒术。乘驴作估客，于外国深山中行，下有绝涧，窅然无底。忽有恶鬼，偷牵此道人驴下入涧。道人寻迹

---

❶ 《北史·咸阳王禧传附树弟坦传》，第 693 页。
❷ 《旧唐书·李忠臣传》，第 3942 页。
❸ （唐）段成式著，张仲裁译注：《酉阳杂俎》，北京：中华书局，2020 年，第 587、589 页。

咒誓，呼诸鬼王，须臾，即驴物如故"。[1]道人骑驴，给人法力无边之感。《太平广记》引《符子》曰："有驴仙者，享五百岁，负乘而不辍，历无定主，大驿于天下。"驴马杂交生骡，增加了骡的神秘性。葛洪《抱朴子·内篇》曰：愚人"又不信骡及駏驉是驴马所生。云物各自有种，况乎难知之事哉？"[2]加之驴的异域文化背景，因此中古时期出现许多与驴、骡有关的"修仙"故事。如《后汉书》载：仙人蓟子训"汉末入市，投主人家停，其驴忽死。时夏月，蛆从驴口中出。主人见之，白训，训曰：'无苦。'遂往驴边，举杖，驴忽走起"。[3]另有《神仙传》载，蓟子训乘骡出行，"诸贵人冠盖塞路而来。生具言适去矣，东陌上乘骡者是也。各走马逐之，不及……"[4]类似情节还见于《鲁女生别传》："李少君死后百余日，后人有见少君在河东蒲坂，乘青骡。帝闻之，

---

[1] （东晋）陶潜撰：《搜神后记》，《汉魏六朝笔记小说大观》，上海：上海古籍出版社，2013年，第448页。

[2] （晋）葛洪撰，张松辉译注：《抱朴子内篇》，北京：中华书局，2020年，第69页。

[3] 《太平御览》卷901，第3997页。

[4] （晋）陶潜撰，谢青云译注：《神仙传》，北京：中华书局，2021年，第217页。

发棺，无所有。"[1] 唐代密宗"设睹噜"（Satru）占星术，常用驴、马代表火星，以示神秘莫测[2]。四川梓潼七曲大庙白特殿，供奉着一尊文昌帝的神兽坐骑，马头、骡身、驴尾、牛蹄，通体白色[3]，显然是集多种家畜特点为一身的臆想动物，其中也利用了驴、骡的隐喻与象征。

与此相反的是基督教信仰中的驴，其形象是谦卑、顺从的，能够传递神谕，成为"救赎世界的担负者"。在《圣经》故事中，家驴将圣母玛利亚（Maria）带往伯利恒（Bethlehem），有如神启。在希律王（Herod）迫害时期，驴又将玛利亚与耶稣驮往埃及，使其转危为安。唐代，景教传入中国境内。景教是基督教的一个分支，又称聂斯脱利教派（Nestorianism）。西安碑林博物馆藏《大秦景教流行中国碑》，记录了景教传入长安的过程。唐朝时期，中国境内有一定数量的景教徒活动，其景教信仰的图像亦有所保留。如吐鲁番

---

[1]《太平御览》卷901，第3999页。

[2] 孟嗣徽：《西来"设睹噜"法——占星术中祈福禳灾的秘密空间》，荣新江、党宝海主编：《马可·波罗与10—14世纪的丝绸之路》，北京：北京大学出版社，2019年，第299—321页。

[3] 王晴佳：《人写的历史必须是人的历史吗？——"后人类史学"的挑战》，《史学集刊》2019年第1期，第41页。

高昌故城发现的景教"棕枝主日"（The Palm Sunday）壁画中，描绘了景教士为三位信徒布道的场景，三人各持圣枝，欢迎耶稣进城[1]。画面右上角还残留驴蹄形象，应与耶稣骑驴传说有关[2]，属于"圣像"（Icon）画。驴象征着顺从和谦卑，代表了基督徒服从上帝的美德。据《新约》记载，耶稣"受难"前曾骑驴进入耶路撒冷，并受到信众欢迎，因此残损部分可推测为骑驴的耶稣[3]。吐鲁番高昌故城景教寺院遗址出土有"耶稣骑驴"壁画的残片，可与《圣经》故事相互印证[4]。

2021年，新疆奇台县唐朝墩景教寺院遗址出土一幅

---

[1] 陈怀宇：《景风梵声——中古宗教之诸相》，北京：宗教文化出版社，2021年，第67页。

[2] 姚崇新：《十字莲花：唐元景教艺术中的佛教因素》，《敦煌吐鲁番研究》第十七卷，上海：上海古籍出版社，2017年，第215—262页。

[3] 周菁葆：《西域景教文明》，《新疆师范大学学报（哲社版）》1994年第2期，第30—38页。

[4] 颜福：《高昌故城摩尼教绢画中的十字架与冠式——以勒柯克吐鲁番发掘品中的一幅绢画为例》，《敦煌学辑刊》2016年第3期，第168—175页。

图 8.8 高昌故城景教壁画"圣枝图"

"耶稣骑驴进耶路撒冷"壁画[1],说明这一题材的壁画广泛流行于西域的景教寺院中。事实上,耶稣复活与驴的"顽强生命力"相辅相成,与基督教中"顺从""谦卑"的美德一

---

[1] 任冠、魏坚:《2021 年新疆奇台唐朝墩景教寺院遗址考古发掘主要收获》,《西域研究》2022 年第 3 期,第 106—113 页。

脉相承。张雪松认为,《神仙传》所载"蓟子训骑驴入京"故事,可能借鉴了"耶稣进耶路撒冷"的典故,只是情节略有变通,逐步中国化[1]。

综上所述,家驴在宗教中的象征意义十分重要,在道教、佛教、基督教的形象各不相同[2]。同一动物在不同宗教中,其象征的文化意义也各有所指。阿兰·布利克里(Alan Bleakley)认为,动物在宗教文化中常以譬喻、想象和象征的方式出现,甚至成为显示神意的工具[3]。艾瑞卡·福吉(Erica Fudge)指出,人对动物形象的譬喻、想象与象征,同时也是人类自身认识、对待、书写自己身份的过程,即人是在与动物交往的过程中获得自身存在的意义[4]。通过以上案例可知,家驴在复杂的社会关系构建中发挥着重要作用。

---

[1] 张雪松:《有客西来 东渐华风——中国古代欧亚大陆移民及其后代的精神世界》,北京:中国社会科学出版社,2020年,第1—25页。

[2] 陈怀宇:《动物与中古政治宗教秩序(增订本)》,上海:上海古籍出版社,2020年,第8页。

[3] Alan Bleakley, *The Animalizing Imagination: Totemism, Textuality and Ecocriticism*, New York: St. Martin's Press, 2000, pp.38-40.

[4] Erica Fudge, A Left-Handed Blow: Writing the History of Animals, in Nigel Rothfels (ed.), *Representing Animals*, Bloomington: Indiana University Press, 2002, pp.6-10.

在不同的文化背景下，家驴被用于不同的叙事，赋予不同的隐喻与象征意义。各文化背景下的人群，对于家驴的认识和体验各异，因而塑造了家驴在不同文化中的特殊形象。

结　语

近30年来，人与动物的关系史（histories of human and non-human animal relations），一直是国际学界关注的热点[1]。丹·范德萨默斯（Dan Vandersommers）指出，历史学的"动物转向"（the animal turn），是继历史学的"文化转向"（the cultural turn）、"语言学转向"（the linguistic turn）之后的又一学术思潮[2]。哈利瑞特·瑞特沃（Harriet Ritvo）认为，动物史（Animal History）研究已经成为欧美史学的主流之

---

[1] 张博:《近20年来西方环境史视域下动物研究的发展动向》,《世界历史》2020年第6期，第129—146页。

[2] 陈怀宇:《动物史的起源与目标》,《史学月刊》2019年第3期，第115—121页。

一，其"动物转向"的学术趋势包括了环境史、思想史、文化史、科技史和全球史等多个史学分支领域[1]。

过去，国内史学界对动物史关注不多，只有少数学者对与动物相关的特定史料感兴趣。近年来，随着科技考古的不断发展，基因组学、分子考古学、疾病考古学、生物力学等成果不断涌现，考古学、历史学、人类学、动物学、社会学、文献学、语言学等跨学科综合研究范式逐步确立，全球史视阈下的动物研究逐渐成为学术前沿，构成了一种"集体意象"（représentations collectives）的历史，具有特定的学术意义与价值。从动物与人类关系的角度出发，史学的主要门类均会涉及与动物有关的内容。动物无处不在，无时不在，任何重大历史事件中都有它们的身影。认识与理解动物，是人类探索自然、创造文明的重要方式。正如美国人类学家唐奈（Donnell）调查发现：现代城市幼儿在玩耍过程中，会将动物赋予人的属性，从而实现动物的拟人化；而生长在原始森林中的北美梅诺米尼人（Menominee）幼儿，会将自己

---

[1] 沈宇斌：《全球史研究的动物转向》，《史学月刊》2019 年第 3 期，第 122—128 页。

想象为动物,赋予自身动物的属性[1]。

任何一种人类文明形态,都构建出对动物界的一种想象场域,而这种场域通常围绕几种重要的动物展开,它们看似比其他任何物种更重要,或是与人类之间的联系更突出。这一关系通常非常紧密,并具有一定的神秘性,因此被学术界称作"动物中心圈"(Bestiaire Central)[2]。"动物中心圈"在人类出现不久,就已存在。史前时代晚期的"动物中心圈"一般由本地的野生动物组成,例如欧亚草原常见的虎、熊、狼、鹿、鹰、天鹅、乌鸦、野猪等。随着定居农业文明的产生,驯化家畜开始进入"动物中心圈",如埃及与美索不达米亚地区出现了牛、驴、狗等;东亚地区出现了猪、犬、鸡等动物。

自家驴驯化伊始,它一直是人类社会与动物彼此互动的见证者。大量历史文献与考古发现表明,驴不仅在经济生产活动中扮演着重要角色,还是人类思想与情感的载体。家驴

---

[1] A. Donnell and R. Rinkoff, The Influence of Culture on Children's Relationships with Nature, *Children, Youth and Environments*, 2015(25), p.62.

[2] [法]米歇尔·帕斯图罗著,白紫阳译:《狼的文化史》,北京:生活·读书·新知三联书店,2021年,第4—5页。

的传播研究呈现出全球史的特点,尤其与早期丝绸之路高度重合,拓展了传统史学的领域,成为研究中外文化交流的典型案例。

(一)从宏观视角出发,动物的文化交流案例并非孤立个案,需要将之放入复杂的、互动的历史空间中理解,力求避免认识的"片段化""碎片化"。由于家驴最早驯化于埃及、美索不达米亚地区,因此全世界有关家驴的术语都可追溯于此;家马的驯化则在欧亚草原完成,因此有关马的术语溯源均与原始印欧语相关。在美索不达米亚地区,驴的传入年代要早于马,因此早期美索不达米亚文明称呼马为"来自山区的驴"(ANŠE-KURRA),而我国中原地区马的传入要早于家驴,因此用马的名称"骊"来称呼驴——"漠骊"即毛驴。上述文化现象,在社会人类学中被称为"替代效应"(substitution effect)。

(二)动物史所体现的文化交流方式是多元性的,不同文明区域的动物文化,决定了互相之间交流的机缘存在差异,而非简单的二元对照模式。例如在驼鞍技术成熟之前,美索不达米亚地区的驴车、牛车与骆驼被广泛应用于交通运输。随着驼鞍的应用及改进,骆驼成为陆路运输最好的交通方式,比牛车省钱,比驴车载重大,且不依赖路况。因此,骆驼最终替代其他运输方式成为伊斯兰时期西亚的主要交通运输工具，以至于当地放弃了轮式车和道路的修缮。而在中古时期的中国，家驴的作用则超过骆驼。由于骆驼单价昂贵，饲养成本高，商人首选家驴作为运输工具。以敦煌莫高窟和新疆克孜尔石窟为例，其壁画中商队使用家驴的图像远多于骆驼。学界对吐鲁番阿斯塔那墓地出土的 12 份唐代过所文书进行分析，发现从安西四镇至长安的胡汉商队的家畜数量以驴最多，其中马 21 匹、驴 106 头、牛 7 头、骡 3 头、驼 5 峰。家驴数量是其他驮畜总和的 3 倍。

（三）动物史所体现的人类社会及技术的发展模式，并非简单的线性关系，其中不乏复杂的文化成因。家马驯化的时间是公元前 3500 年，家驴的驯化时间更早，二者最初的驯化目的都是为了提供稳定的食物来源。家驴用于乘骑、拉车和战争的历史要早于家马。直至公元前 2000 年，兴起于哈萨克斯坦境内的辛塔什塔（Sintashta）文化人群才将家马大规模用于军事目的，制造出灵活坚固的双轮战车[1]。马拉战车的出现改变了欧亚大陆的格局，大量游牧、半游牧及畜牧

---

[1] ［俄］柳德米拉·克里亚科娃、安德烈·叶皮马霍夫著，陈向译：《欧亚之门：乌拉尔与西西伯利亚的青铜和铁器时代》，北京：生活·读书·新知三联书店，2021 年，第 81—98 页。

人群迅速扩张，进入伊朗、美索不达米亚、安纳托利亚、东欧及印度河谷等地，马拉战车也迅速替代驴车成为战争的重要工具。骑兵的出现则要到公元前1000年前后，辔头、马镳、马衔、缰绳等马具装备大量出现后，骑手才可以真正驾驭马匹——通过对马嘴柔软部分施加压力来控制战马。至于硬质马鞍、马镫、蹄铁的诞生则更晚，至少比首批骑兵的出现再晚1000年。

综上所述，不同文明跨区域间的动物传播，是人类文化交流的重要内容之一。动物的传播过程，也是文化的传播过程。动物知识的传送者，也是接受者，在文化选择的过程中，需要面对知识的建构与重构。原有的动物知识及动物意象，在进入新的环境后，也会重新演绎和生长，甚至形成各种新的多元化的变种。

参考文献

一、中文资料

（一）古　籍

1. （汉）司马迁：《史记》，北京：中华书局，1963年。
2. （汉）班固：《汉书》，北京：中华书局，1964年。
3. （汉）桓宽著，王利器校注：《盐铁论校注》，北京：中华书局，1992年。
4. （汉）陆贾著，王利器撰：《新语校注》，北京：中华书局，1986年。
5. （汉）刘珍等著，吴树平校注：《东观汉记校注》，北京：中华书局，2008年。
6. （晋）陈寿：《三国志》，北京：中华书局，1964年。
7. （晋）葛洪撰，张松辉译注：《抱朴子内篇》，北京：中华书局，2020年。
8. （晋）陶潜撰，谢青云译注：《神仙传》，北京：中华书局，2021年。

9	(晋)释法显撰,章巽校注:《法显传校注》,北京:中华书局,2008年。
10	(南朝)范晔:《后汉书》,北京:中华书局,1973年。
11	(北魏)郦道元撰,陈桥驿校注:《水经注》,北京:中华书局,2013年。
12	(梁)释慧皎撰,汤用彤校注:《高僧传》,北京:中华书局,1992年。
13	(北齐)贾思勰著,缪启愉校释:《齐民要术校释》,北京:农业出版社,1982年。
14	(北齐)魏收:《魏书》,北京:中华书局,1974年。
15	(唐)李延寿:《北史》,北京:中华书局,1974年。
16	(唐)李延寿:《南史》,北京:中华书局,1975年。
17	(唐)令狐德棻等:《周书》,北京:中华书局,1974年。
18	(唐)魏徵等:《隋书》,北京:中华书局,1982年。
19	(唐)牛僧孺、李复言著,林宪亮译注:《玄怪录 续玄怪录》,北京:中华书局,2020年。
20	(唐)段成式撰,张仲裁译注:《酉阳杂俎》,北京:中华书局,2020年。
21	(唐)李林甫等撰,陈仲夫点校:《唐六典》,北京:中华书局,2014年。
22	(唐)释道宣撰,郭绍林点校:《续高僧传》,北京:中华书局,2014年。
23	(唐)慧超撰,张毅校注:《往五天竺国传笺释》,北京:中华书局,2000年。
24	(唐)李肇:《唐国史补》,上海:上海古籍出版社,1979年。
25	(唐)杜佑撰,王文锦等点校:《通典》,北京:中华书局,1988年。
26	(唐)李吉甫撰,贺次君点校:《元和郡县图志》,北京:中华书局,1983年。
27	(唐)玄奘著,季羡林等校注:《大唐西域记校注》,北京:中华书局,1985年。
28	(唐)房玄龄等:《晋书》,北京:中华书局,1974年。

29	（唐）长孙无忌等撰：《唐律疏议》，上海：上海古籍出版社，2013年。
30	（唐）圆仁著，白化文等校注：《入唐求法巡礼行记校注》，北京：中华书局，2019年。
31	（五代）王仁裕等撰，丁如明辑校：《开元天宝遗事十种》，上海：上海古籍出版社，1985年。
32	（后晋）刘昫等撰：《旧唐书》，北京：中华书局，1975年。
33	（宋）欧阳修等撰：《新唐书》，北京：中华书局，1975年。
34	（宋）王钦若等编：《册府元龟》，北京：中华书局，1960年。
35	（宋）司马光撰，胡三省注：《资治通鉴》，北京：中华书局，1956年。
36	（宋）李昉等：《太平广记》，北京：中华书局，1961年。
37	（宋）李昉等：《太平御览》，上海：上海古籍出版社，2008年。
38	（宋）宋敏求：《唐大诏令集》，北京：中华书局，2008年。
39	（宋）王溥：《唐会要》，上海古籍出版社，1991年。
40	（宋）赞宁撰，范祥雍点校：《宋高僧传》，北京：中华书局，1987年。
41	（宋）罗愿撰，石云孙点校：《尔雅翼》，合肥：黄山书社，1991年。
42	（宋）钱易撰，黄寿成点校：《南部新书》，北京：中华书局，2019年。
43	（宋）洪兴祖撰，白化文点校：《楚辞补注》，北京：中华书局，1983年。
44	（清）董诰编：《全唐文》，上海：上海古籍出版社，1990年。
45	（清）段玉裁注：《说文解字注》，郑州：中州古籍出版社，2006年。
46	（清）马国翰辑：《玉函山房辑佚书》，扬州：江苏广陵古籍刻印社，1990年。
47	许维遹撰，梁运华整理：《吕氏春秋集释》，北京：中华书局，2009年。
48	黄怀信、张懋镕、田旭东撰，李学勤审定：《逸周书汇校集注》，上海：上海古籍出版社，1995年。
49	上海古籍出版社编：《汉魏六朝笔记小说大观》，上海：上海古籍出

50　上海古籍出版社：《唐五代笔记小说大全》，上海：上海古籍出版社，2013年。

（二）学术论文

1　柴剑虹：《敦煌写本中的愤世嫉俗之文——以S.1477〈祭驴文〉为例》，《敦煌研究》2004年第1期。

2　晁雪婷：《古代两河流域的驴》，《大众考古》2017年第6期。

3　戴建国：《唐"开元二十五年令·田令"研究》，《历史研究》2000年第2期。

4　恩宗泽：《母骡产驹》，《生物学通报》1983年第3期。

5　恩宗泽、范庚佺等：《马和驴种间杂交二代杂种染色体的研究》，《中国农业科学》1985年第1期。

6　恩宗泽、范庚佺等：《马、驴种间杂交回交一代杂种(B1)精(卵)子发生的研究》，《动物学报》1988年第2期。

7　冯海英：《民族特色的虎噬驴透雕铜牌》，《文物鉴定与鉴赏》2013年第3期。

8　葛承雍：《中古时代胡人的财富观》，《丝绸之路研究集刊》第一辑，北京：商务印书馆，2017年。

9　勾利军：《唐代中后期两京驴价考》，《史学月刊》2010年第8期。

10　黄蕴平：《新疆于田县克里雅河圆沙古城遗址的兽骨分析》，《考古学研究(七)》，北京：科学出版社，2007年。

11　胡松梅、张建林：《西藏那曲察秀塘祭祀遗址哺乳动物遗存及其意义》，《动物考古》(第1辑)，北京：文物出版社，2010年，第241—251页。

12	林梅村:《家驴入华考——兼论汉代丝绸之路上的粟特商队》,《欧亚学刊(新7辑)》,北京:商务印书馆,2018年。
13	李占扬:《许昌灵井旧石器时代遗址2006年发掘报告》,《考古学报》2010年第1期。
14	李政:《论赫梯帝国的建立和巩固》,《古代文明》2020年第4期。
15	李政:《〈赫梯法典〉译注》,《古代文明》2009年第4期。
16	刘昌玉、吴宇虹:《乌尔第三王朝温马地区法庭判案文件译注与简析》,《古代文明》2011年第4期。
17	刘欢、王建新等:《乌兹别克斯坦撒马尔罕萨扎干遗址先民动物资源利用研究》,《西域研究》2019年第3期。
18	史苇湘:《敦煌莫高窟中的〈福田经变〉壁画》,《文物》1980年第9期。
19	史树青等:《盉尊、盉彝及骡驹罍释文》,《文物参考资料》1957年第6期。
20	沙武田:《丝绸之路交通贸易图像——以敦煌画商人遇图为中心》,《丝绸之路研究集刊》第一辑,北京:商务印书馆,2017年。
21	王春雪、吕小红:《楼兰故城三间房遗址2014年发现的动物骨骼遗存初步研究》,《边疆考古研究》(第27辑),北京:科学出版社,2020年。
22	王子今:《骡驴驮驰,衔尾入塞——汉代动物考古和丝路史研究的一个课题》,《国学学刊》2013年第4期。
23	王子今:《说敦煌马圈湾简文"驱驴士""之蜀"》,《简帛》第十二辑,上海:上海古籍出版社,2016年。
24	王子今:《论汉昭帝平陵从葬驴的发现》,《南都学坛(哲学社会科学版)》2015年第35卷第1期。
25	吴宇虹、曲天夫:《古代中国和两河流域的"刑牲而盟"》,《东北师大学报(哲学社会科学版)》1997年第4期。

26　吴宇虹:《两河流域楔形文字文献中的狂犬和狂犬病》,《古代文明》2009年第4期。

27　西安市文物保护考古所:《西安北周凉州萨保史君墓发掘简报》,《文物》2005年第3期。

28　新疆文物考古研究所、北京大学考古文博学院:《新疆吉木乃县通天洞遗址》,《考古》2008年第7期。

29　尤玉柱:《黑驼山下猎马人》,《化石》1977年第3期。

30　杨苗苗、胡松梅等:《陕西省神木县木柱柱梁遗址羊骨研究》,《农业考古》2017年第3期。

31　袁靖:《动物考古学揭密古代人类和动物的相互关系》,《西部考古》第2辑,西安:三秦出版社,2007年。

32　尤悦、吴倩:《家驴的起源、东传与古代中国的利用》,《北方民族考古》第8辑,北京:科学出版社,2019年。

33　中国科学院考古研究所甘肃工作队:《甘肃永靖秦魏家齐家文化墓地》,《考古学报》1975年第2期。

34　张颔:《"嬴霝"探解》,《文物》1986年第11期。

35　张鸿勋、张臻:《敦煌本〈祭驴文〉发微》,《敦煌研究》2008年第4期。

(三)学位论文

1　陈浪:《论唐代驴的管理与使用》,暨南大学2007年硕士学位论文。

2　耿金锐:《解析〈乌尔那穆之死〉》,东北师范大学2019年硕士学位论文。

3　王爱萍:《乌尔第三王朝贡牲中心牛驴管理书吏卢旮勒美兰和牛吏卢旮勒海旮勒的档案重建》,东北师范大学2013年硕士学位论文。

4 张欢欢:《唐代文献中驴文化研究》,东北师范大学2017年硕士学位论文。

(四) 专 著

1 北京大学中国中古史研究中心:《敦煌吐鲁番文献研究论集》,北京:中华书局,1982年。
2 陈明:《印度梵文医典〈医理精华〉研究》,北京:商务印书馆,2018年。
3 蔡大伟:《古DNA与中国家马起源研究》,北京:科学出版社,2021年。
4 郭郛等:《中国古代动物学史》,北京:科学出版社,1999年。
5 拱玉书:《升起来吧!像太阳一样——解析苏美尔史诗〈恩美卡与阿拉塔之王〉》,北京:昆仑出版社,2006年。
6 侯文通主编:《驴学》,北京:中国农业出版社,2019年。
7 吉林大学考古学院、米努辛斯克博物馆:《米努辛斯克博物馆青铜器集萃》,北京:文物出版社,2021年。
8 吉林大学边疆考古研究中心等:《中国北方古代人群及相关家养动植物DNA研究》,北京:科学出版社,2018年。
9 刘文锁:《沙海古卷释稿》,北京:中华书局,2007年。
10 上海辞书出版社文学鉴赏辞典编纂中心:《李商隐诗文鉴赏辞典》,上海辞书出版社,2020年。
11 王炳华:《西域考古文存》,兰州:兰州大学出版社,2010年。
12 吴礽骧、李永良、马建华释校:《敦煌汉简释文》,兰州:甘肃人民出版社,1991年。
13 王子今:《秦汉交通史新识》,北京:中国社会科学出版社,2015年。
14 王兴伊、段逸山编著:《新疆出土涉医文书辑校》,上海:上海科技出版社,2016年。

15 魏东:《罗布泊腹地的旅人》,北京:社会科学文献出版社,2020年。

16 中国社会科学院考古研究所编:《埃及考古专题十三讲》,北京:中国社会科学出版社,2017年。

17 张弛:《公元前一千纪新疆伊犁河谷墓葬的考古学研究》,北京:科学出版社,2021年。

18 张弛:《明月出天山——新疆天山走廊的考古与历史》,北京:商务印书馆,2018年。

19 张俊民:《简牍学论稿——聚沙篇》,兰州:甘肃教育出版社,2014年。

(五)译 作

1. 论 文

1 〔俄〕K. M. 巴伊帕科夫著,孙危译:《古代的城市和草原:从日特苏遗址看古代塞人和乌孙的定居生活及农业》,《欧亚译丛》第四辑,北京:商务印书馆,2018年。

2 〔美〕米歇尔·维策尔、后藤敏文著,刘震译:《〈梨俱吠陀〉的历史背景》,《欧亚译丛》(第二辑),北京:商务印书馆,2016年。

3 〔美〕哈扎诺夫著,贾衣肯译:《〈游牧民与外部世界〉第二版导言》,《西域文史》第五辑,北京:科学出版社,2010年。

2. 专 著

1 佚名著,赵乐甡译:《吉尔伽美什》,南京:译林出版社,2018年。

2 〔古希腊〕色诺芬著,崔金戎译:《长征记》,北京:商务印书馆,2019年。

3 〔古希腊〕亚里士多德著,吴寿彭译:《动物志》,北京:商务印书馆,2019年。

4	〔古希腊〕希罗多德著,王以铸译:《历史》,北京:商务印书馆,2016年。
5	〔古罗马〕普林尼著,李铁匠译:《自然史》,上海:上海三联书店,2018年。
6	〔丹麦〕莫恩思·特罗勒·拉尔森著,史孝文译:《古代卡尼什:青铜时代安纳托利亚的商业殖民地》,北京:商务印书馆,2021年。
7	〔德〕赫尔曼·亚历山大·施勒格尔著,曾悦译:《古埃及史》,上海:上海三联书店,2021年。
8	〔德〕赫尔穆特·施耐德著,张巍译:《古希腊罗马技术史》,上海:上海三联书店,2018年。
9	〔俄〕泽内达·A.拉戈津著,吴晓真译:《亚述:从帝国的崛起到尼尼微的沦陷》,北京:商务印书馆,2020年。
10	〔俄〕库兹米娜著,李春长译:《丝绸之路史前史》,北京:科学出版社,2015年。
11	〔俄〕库兹米娜著,邵会秋译:《印度—伊朗人的起源》,上海:上海古籍出版社,2020年。
12	〔俄〕弗拉基米尔·卢科宁、阿纳托利·伊万诺夫著,关祎译:《波斯艺术》,重庆大学出版社,2021年。
13	〔法〕让-弗朗索瓦·商博良著,高伟译:《埃及和努比亚的遗迹——商博良埃及考古图册》,长沙:湖南美术出版社,2019年。
14	〔法〕A. H. 丹尼、〔俄〕V. M. 马松著,芮传明译:《中亚文明史》第一卷,中国对外翻译出版公司、联合国教科文组织,2002年。
15	〔美〕戴尔·布朗著,王淑芳等译:《安纳托利亚——文化繁盛之地》,北京:华夏出版社,2002年。
16	〔美〕格雷戈里·柯克伦、亨利·哈本丁著,彭李菁译:《一万年的爆

发——文明如何加速人类进化》,北京:中信出版集团,2017年。

17　〔美〕A. T. 奥姆斯特德著,李铁匠、顾国梅译:《波斯帝国史》,上海:上海三联书店,2017年。

18　〔美〕Elizabeth J. Reitz, Elizabeth S. Wing著,中国社会科学院考古研究所译:《动物考古学》,北京:科学出版社,2014年。

19　〔美〕温迪·克里斯坦森著,郭子林译:《古代埃及帝国》,北京:商务印书馆,2015年。

20　〔美〕埃里克·H. 克莱因著,贾磊译,《文明的崩塌:公元前1177年的地中海世界》,北京:中信出版集团,2018年。

21　〔美〕戴尔·布朗主编,王淑芳译:《苏美尔——伊甸园的城市》,北京:华夏出版社,2004年。

22　〔美〕芭芭拉·A. 萨默维尔著,李红燕译:《古代美索不达米亚诸帝国》,北京:商务印书馆,2017年。

23　〔美〕布莱恩·费根著,袁媛译:《考古学与史前文明》,北京:中信出版集团,2020年。

24　〔美〕雅各布·阿伯特著,赵秀兰译:《大流士大帝——制度创新与波斯帝国统一》,北京:华文出版社,2018年。

25　〔美〕米夏埃尔·比尔冈著,李铁匠译:《古代波斯诸帝国》,北京:商务印书馆,2015年。

26　〔美〕戴维·P. 克拉克著,邓峰、张博、李虎译:《病菌、基因与文明——传染病如何影响人类》,北京:中信出版集团,2020年。

27　〔美〕德布拉·斯凯尔顿等著,郭子林译:《亚历山大帝国》,北京:商务印书馆,2015年。

28　〔美〕薇姬·莱昂著,贾磊译:《西方古代科学与信仰趣事杂谈》,济南:山东画报出版社,2014年。

29	〔美〕薛爱华著,吴玉贵译:《撒马尔罕的金桃:唐代舶来品研究》,北京:社会科学文献出版社,2018年。
30	〔日〕森本哲郎著,刘敏译:《迦太基启示录——海洋帝国的崛起与灭亡》,重庆:重庆出版社,2020年。
31	〔英〕F. W. 托马斯编著,刘忠译注:《敦煌西域古藏文社会历史文献》,北京:民族出版社,2003年。
32	〔英〕保罗·克里瓦切克著,陈沅译:《巴比伦:美索不达米亚和文明的诞生》,北京:社会科学文献出版社,2020年。
33	〔英〕埃尔温·哈特利·爱德华兹著,冉文忠译:《马百科全书》,北京:北京科学技术出版社,2020年。
34	〔英〕艾丽丝·罗伯茨著,李文涛译:《驯化:十个物种造就了今天的世界》,兰州:读者出版社,2019年。
35	〔英〕加里·J. 肖著,袁指挥译:《埃及神话》,北京:民主与建设出版社,2018年。
36	〔英〕布莱恩·费根著,刘诗君译:《亲密关系——动物如何塑造人类历史》,杭州:浙江大学出版社,2019年。
37	〔英〕罗莎莉·戴维著,李晓东译:《古代埃及社会生活》,北京:商务印书馆,2017年。
38	〔英〕乔弗里·帕克、布兰达·帕克著,刘翔译:《携带黄金鱼子酱的居鲁士——波斯帝国及其遗产》,北京:中国社会科学出版社,2020年。
39	〔英〕莱昂纳德·W. 金著,史孝文译:《古代巴比伦:从王权建立到波斯征服》,北京:北京理工大学出版社,2020年。
40	〔英〕布莱恩·费根著,刘海翔、甘露译:《耶鲁古文明发现史》,北京:人民日报出版社,2020年。

41	〔英〕保罗·巴恩主编,郭晓凌、王晓秦译:《剑桥插图考古史》,济南:山东画报出版社,2000年。
42	〔英〕安东尼·埃福瑞特著,杨彬译:《雅典的胜利——文明的奠基》,北京:中信出版集团,2019年。
43	〔英〕莱斯莉·阿德金斯、罗伊·阿德金斯著,张楠等译,张强校:《古代罗马社会生活》,北京:商务印书馆,2017年。
44	〔意〕阿尔图罗·卡斯蒂缪尼著,程之范、甄橙主译:《医学史》,南京:译林出版社,2013年。
45	〔加〕瓦茨拉夫·斯米尔著,吴玲玲、李竹译:《能量与文明》,北京:九州出版社,2021年。

(六) 考古报告

1	北京市文物研究所,北京市昌平区文化委员会:《昌平张营》,北京:文物出版社,2007年。
2	宁夏文物考古研究所:《水洞沟——1980年发掘报告》,北京:科学出版社,2003年。
3	内蒙古自治区文物考古研究所:《庙子沟与大坝沟》,北京:中国大百科全书出版社,2003年。
4	内蒙古自治区文物考古研究所:《林西井沟子:晚期青铜时代墓地的发掘与综合研究》,北京:科学出版社,2010年。
5	山西省考古所编:《灵石旌介商墓》,北京:科学出版社,2010年。
6	陕西省考古研究院等:《高陵东营》,北京:科学出版社,2010年。
7	陕西省考古研究所:《西安北周安伽墓》,北京:文物出版社,2003年。
8	新疆文物考古研究所:《新疆萨恩萨依墓地》:北京:文物出版社,2013年。

9 云南省文物考古研究所等:《耿马石佛洞》,北京:文物出版社,2010年。

10 中国社会科学院考古研究所:《哈克遗址——2003—2008年考古发掘报告》,北京:文物出版社,2010年。

(七)图　录

1 《中国青铜器全集》编辑委员会:《中国青铜器全集·北方民族卷》,北京:文物出版社,2017年。

2 李文龙编著:《戎狄匈奴青铜文化——草原丝路文明》,北京:文物出版社,2017年。

3 许成、董宏征:《宁夏历史文物》,银川:宁夏人民出版社,2006年。

4 深圳南山博物馆等:《南有嘉鱼——荆州出土楚汉文物展》,北京:文物出版社,2020年。

5 山东省博物馆等:《山东汉画像石选集》,济南:齐鲁书社,1982年。

6 祁小山、王博编著:《丝绸之路·新疆古代文化(续)》,乌鲁木齐:新疆人民出版社,2016年。

7 敦煌文物研究所编:《中国石窟·敦煌莫高窟》,北京:文物出版社,1982年。

8 马德编:《敦煌石窟全集》26《交通画卷》,上海:上海人民出版社,2001年。

9 贺世哲编:《敦煌石窟全集》7《法华经画卷》,上海:上海人民出版社,2000年。

二、外文资料

（一）论 文

1. Changfa Wang, Haijing Li et al., Donkey Genomes Provide New Insights into Domestication and Selection for Coat Color, *Nature Communications*, 2020(11):6014. https://doi.org/10.1038/s41467-020-19813-7.

2. A. Parpola, J. Janhunen, On The Asiatic Wild Asses (Equus hemionus & Equus kiang) and Their Vernacular Names, *A Volume in Honor of the 80th-Anniversary of Victor Sarianidi*, Sankt-Petersburg: ALETHEIA, 2010, pp.423-466.

3. Mark Griffith, Horsepower and Donkeywork: Equids and the Ancient Greek Imagination, *Classical Philology*, Part 1 and Part 2, 2006(3-4).

4. T. E. Berger, Life History of a Mule(c.160A.D.) from the Roman Fort Biriciana as Revealed by Serial Stable Isotope Analysis of Dental Tissues, *International Journal of Osteoarchaeology*, 2010(1).

5. R. Higuchi, B. Bowman, M. Freiberger, O. A. Ryder, A. C. Wilson et al., DNA Sequences from the Quagga, An Extinct Member of the Horse Family, *Nature* 312(5991): 282-284.

6. V. Eisenmann, S. Vasiliev, Unexpected Finding of a New Equus Species (Mammalia, Perissodactyla) Belonging to a Supposedly Extinct Subgenus in Late Pleistocene Deposits of Khakassia (southwestern Siberia), *Geodiversitas*, 2011.33(3) : 519-530.

7. L. Orlando, A. Ginolhac, M. Raghavan, True Single-molecule

DNA Sequencing of a Pleistocene Horse Bone, Genome Research, 2011, 21(10):1705-19. doi: 10.1101/gr.122747.111. Epub 2011 Jul 29. PMID: 21803858.

8 H. Yule, *The Book of Ser Marco Polo the Venetian Concerning the Kingdoms and Marvels of the East*, translated and edited, with notes, Third edition revised throughout in the light of recent discoveries by H. I.-II. L. Cordier, 1903, p.88.

9 Karttunen, India and the Hellenistic World, *Studia Orientalia*(83), Helsinki, 1997, p.179.

10 I. Hauenschild, Die Tierbezeichnungen bei Mahmud al-Kaschgari, Eine Untersuchung aus sprach-und kulturhistorischer Sicht, *Turcologica* 53, Wiesbaden, 2003, p.149.

11 V. Rybatzki, Die Personennamen und Titel der mittelmongolischen Dokumente: Eine lexikalische Untersuchung, *Publications of the Institute for Asian and African Studies* 8, Helsinki, 2006, p.351.

12 V. Ball, On the Identification of the Animals and Plants of India Which Were Known to Early Greek Authors, *The Indian Antiquary*, Vol. 14, 1885, pp.285-286.

13 C. Gaunitz, A. Fages, K. Hanghoj et al., Ancient Genomes Revisit the Ancestry of Domestic and Przewalski's Horses, *Science*, 2018, 360(6384):111-114.

14 A. Lubotsky, A Rgvedic Word Concordance(I), *American Oriental Series* 82. New Haven, 1997, p.503.

15 J. MacKinnon, K. MacKinnon, Animals of Asia, *The Ecology of the Oriental Region*, L.-NY, 1974, pp.102-104.

16 F. Marshall, African Pastoral Perspectives on Domestication of the Donkey: A First Synthesis, *Rethinking Agriculture: Archaeological and Ethnoarchaeological Perspectives*, Walnut Creek CA: Left

Coast Press, 2007, pp.371-407.

17 B. Kimura et al., Donkey Domestication, *African Archaeological Review* 30(1), 2013, pp.83-95.

18 Stine Rossel et al., Domestication of the Donkey: Timing, Processes, and Indicators, *Proceedings of the National Academy of Sciences* 105, 2008(10), pp.3715-3720.

19 Hans Geodicke, Harkhuf's Travels, *Journal of Near Eastern Studies* 40, 1981(1), pp.1-20.

20 Stan Hendriicks et al., *The Pharaonic Pottery of the Abu Balls Trail: "Filling Stations" along a Desert Highway in Southwestern Egypt*, Koln: Heinrich-Barth-Institute, 2013, pp.339-380.

21 Wolfram Schier, Central and Eastern Europe, in Chris Fowler, Jan Harding and Daniela Hofmann ed., *The Oxford Handbook of Neolithic Europe*, Oxford, 2015, p.108.

22 N. Postgate, The Equids of Sumer, Again, R. H. Meadow, H.-P. Uerpmann (Eds.), *Equids in the Ancient World*, Beihefte zum Tubinger Atlas des Vorderen Orients Reihe A, Nr. 19/1. Wiesbaden, 1986, pp.194-206.

23 J. Zarins, Equids Associated with Human Burials in Third Millennium B. C. Mesopotamia: Two Complementary Facets, R. H. Meadow, H.-P. Uerpmann (Eds.), *Equids in the Ancient World*, Beihefte zum Tubinger Atlas des Vorderen Orients Reihe A, Nr. 19/1. Wiesbaden, 1986, p.189.

24 K. Maekawa, The Donkey and the Persian Onager in Late Third Millennium B. C. Mesopotamia and Syria: A Rethinking, *Journal of West Asian Archaeology*, No. 7., 2006, pp.1-19.

25 Edward Shaughnessy, Historical Perspectives on the Introduction of the Chariot into China, *Harvard Journal of Asiatic Studies*, 1988(48), p.211.

26　Е. Г. Царева, Килимы ранних кочевников тувы и алтая: к истории сложения и развития килимной техники в евразии, На пути открытия цивилизации. Сборник статей *к 80-летию В. И.* Сарианиди, Санкт-Петербург: Алетейя, 2010, C.566-591.

27　G. D. Bernardo, U. Galderisi et al., Genetic Characterization of Pompeii and Herculaneum Equidae Buried by Vesuvius in 79 AD, *Journal of Cellular Physiology*, 2004, 199(2), pp.200-205.

28　T. E. Berger at al., Life History of a Mule (c.160 A.D.) from the Roman Fort Biriciana(Upper Bavaria) as Revealed by Serial Stable Isotope Analysis of Dental Tissues, *International Journal of Osteoarchaeology*, 2020(1), pp.71-158.

29　V. M. Warmuth, M. G. Campana et al., Ancient Trade Routes Shaped the Genetic Structure of Horses in Eastern Eurasia, *Mol. Ecol.*, 2022(21), pp.5340–5351.

30　M. A. Zeder, The Equid Remains from Tal-e Malyan, Southern Iran, R. H. Meadow, H. P. Uerpmann (Eds.), *Equids in the Ancient World*, Wiesbaden: Ludwig Reichert Verlag, 1986, pp.366-412.

31　G. Morgenstierne, A New Etymological Vocabulary of Pashto, Compiled and edited by J. Elfenbein, D. N. MacKenzie, N. Sims-Williams, *Beiträge zur Iranistik* 23, Wiesbaden, 2003, p.34.

32　K. M. Moore, Animal Use at Bronze Age Gonur Depe, *International Association for the Study of the Cultures of Cental Asia Information Bulletin*, No. 19, 1993, pp.164-176.

33　Р. М . Сатаев, *Животные из раскопок городища Гонур-Депе*, Труды Маргианс-кой археологической экспедиции. Т. 2 \ Сарианиди В. И. (гл. ред.). М., 2008. С.138–142.

34　A. Ardeleanu-Jansen, Die Terrakotten in Mohenjo-Daro, *Eine Untersuchung zur keramischen Kleinplastik in Mohenjo-daro, Pakistan (ca. 2300-1900 v. Chr.)*, Aachen, 1993, p.173.

35   N. Benecke, R. Neef, Faunal and Plant Remains from Sohr Damb/ Nal: A prehistoric Site(c. 3500-2000 BC)in Central Balochistan (Pakistan), *SAA* 2003, U. Franke-Vogt, H.-J. Weisshaar (Eds.). *Forschungen zur Archaologie aussereuropaischer Kulturen* 1. Aachen, 2005. pp.81-91.

36   P. K. Thomas, Investigations into the Archaeofauna of Harappan Sites in Western India, Protohistory: Archaeology of the Harappan Civilization, S. Settar, R. Korisettar (eds.), *Indian archaeology in retrospect* 2, New Delhi, 2002, pp.409-420.

37   C. P. Groves, The Taxonomy, Distribution, and Adaptations of Recent Equids, R. H. Meadow, H. P. Uerpmann(Eds.), *Equids in the Ancient World*, Wiesbaden: Ludwig Reichert Verlag, 1986, pp.11-65.

38   S. M. Gurney, Revisiting Ancient mtDNA Equid Sequences from Pompeii, *Journal of Cellular Biochemistry*, 2010, 111(5), pp.363-364.

39   A. Parpola, The Nāsatyas, the Chariot and Proto-Aryan Religion, *Journal of Indological Studies*, Nos.16&17, 2004-2005.

40   W. Rau, A Note on the Donkey and the Mule in Early Vedic Literature, *The Adyar Library Bulletin*, Vol.44-45, 1980-1981.

(二) 专 著

1   A. G. Mcdowell, *Village life in Ancient Egypt: Laundry Lists and Love Songs*, Oxford: Oxford University Press, 1999.

2   K. R. Veenhof, *Aspects of Old Assyrian Trade and Its Terminology*, Leiden: Brill, 1972.

3   Richard W. Bulliet, *The Camel and the Wheel*, Cambridge: Harvard University Press, 1975.

4   Pita Kelekna, *The Horse in Human History*, Cambridge: Cam-

bridge University Press, 2009.

5 David W. Anthony, *The Horse, the Wheel, and Language: How Bronze-Age Riders from the Eurasian Steppes Shaped the Modern World*, New Jersey: Princeton University Press, 2007.

6 Robert Drews, *Early Riders: The Beginnings of Mounted Warfare in Asia and Europe*, New York: Routledge/ Francis and Taylor, 2004.

7 W. W. Hallo, *The Context of Scripture: Monumental Inscriptions from the Biblical World*, Leiden: Birll, 2000.

8 K. R. Veenhof, *Aspects of Old Assyrian Trade and Its Terminology*, Leiden: Brill, 1972.

9 J. G. Dercksen et al., *Ups and Downs at Kanesh: Chronology, History and Society in Old Assyrian Period*, Leiden: Nederlands Instituut voor Het Nabije Oosten, 2012.

10 D. C. Buck, *A Dictionary of Selected Synonyms in the Principal Indo-European Languages*, Chicago, 1949.

11 Aesop's Fables, *A new Translation by Laura Gibbs*, Oxford: Oxford University Press, 2002.

12 Apuleius, *The Golden Ass*, Trans. Sara Ruden, New Haven: Yale University Press, 2011.

13 Juliet Clutton-Brock, *Horse Power: A History of the Horse and the Donkey in Human Societies*, Cambridge: Harvard University Press, 1992.

14 A. Parpola, *Deciphering the Indus Script*, Cambridge: Cambridge University Press, 1994.

15 G. L. Possehl, *Indus Age: The beginnings, New Delhi*, 1999.

16 R. H. Meadow, *La domestication et l'exploitation des plantes et des animaux dans les regions du systeme de l'Indus du VIle au Ile millenaire avant notre ere*, Les cités oubliées de l'Indus: Archeologie de Pakistan, 1988.

17   D. K. Chakrabarti (ed.), *Indus Civilization Sites in India, New discoveries*, Mumbai, 2004.

18   P. Olivelle, *Dharmasūtra: The Law Codes of Āpastamba, Gautama, Baudhāyana, and Vasistha Annotated Text and Translation*, Delhi, 2000.

19   Krishnamurti Bh, *The Dravidian Languages*, Cambridge, 2003.

20   G. Zeller, *Die vedischen Zwillingsgötter: Untersuchung zur Genese ihres Kultes*, Wiesbaden, 1990.

21   A. M. Boyer, E. J. Rapson, and E. Senart, transcribed and edited, *Kharoṣṭhī Inscriptions, Discovered by Sir Aurel Stein in Chinese Turkestan*, Part I, Oxford: Clarendon Press, 1920.

22   P. Mallory, *In Search of the Indo-European: Language, Archaeology and Myth*, London: Thames and Hudson, 1989.

23   Peter S. Wells, *The Battle that Stopped Rome: Emperor Augustus, Arminius, and the Slaughter of the Legions in the Teutoburg Forest*, New York, 2003.

24   V. I. Sarianidi, *Necropolis of Gonur*, Sankt-Petersburg: Athens, 2007.

25   V. I. Sarianidis, *Zoroastrianism: New Motherland for an Old Religion*, Sankt-Petersburg: Athens, 2008.

26   Francis Joseph Steingass, A Comprehensive Persian-English Dictionary, including the Arabic Words and Phrases to Be Met with in Persian literature, London: Routledge & K. Paul, 1892.

27   Стеблин-Каменский И. М., Этимологический словарь ваханского язы- ка. СПб., 1999.

后　记

　　书写"人与动物的关系史"是当前欧美学界"动物转向"的一种学术思潮。艾兰·米哈伊尔（Alan Mikhail）指出，动物在人类社会历史进程中扮演了极其重要的角色，动物史对于理解和认识任何时代的社会都具有根本性的意义。在全球动物史流行的今天，国内学界有关丝绸之路动物史的著作并不多。拙作乃是"摸着石头过河"的一次尝试，意在以家驴的传播为线索，通过考古发现与历史文献，探讨丝路沿线文明及人群的社会文化史。

　　本书在写作过程中，遇到了许多困难。尤其是跨文化、多语种材料的收集和整理，消耗了大量的时间与精力。感谢恩师刘文锁教授的帮助，在学术道路上一直给予无私的关照，并提供了大量佉卢文和于阗语的研究成果。

此外，还要感谢 Marcella Festa（丰琳）、昌迪、陈咏琪等的翻译工作，为本书的撰写提供了不少素材，让我能从多种语言和文化视角探讨驴的文化史。

最后向我的家人表示感谢。高校"青焦"没有假期，感谢理解和支持，让我能静心写作，免于琐事之扰。

张弛

2024 年 1 月夜于沁园